与最聪明的人共同进化

HERE COMES EVERYBODY

U0172671

CHEERS

CHEERS
湛庐

Foundations of
Earth Science

极地深海
地球科学

3

Frederick K. Lutgens
Edward J. Tarbuck

[美]
弗雷德里克·K.卢金斯
爱德华·J.塔巴克
著
彭玉恒 武于靖 朱晗宇 译

浙江教育出版社·杭州

地球的奥秘，你了解多少?

- 气象学家更倾向于以（ ）为主要依据，将一年分为 4 个周期，每个周期长 3 个月。（单选题）

  A. 温度

  B. 湿度

  C. 农作物的生长速度

  D. 地球与太阳之间的距离

- 现在，我们已经可以预测飓风在（ ）天内的行动轨迹。（单选题）

  A. 1 天

  B. 5 天

  C. 15 天

  D. 30 天

- 二氧化碳可以吸收地球发出的某些辐射并造成温室效应。二氧化碳水平的持续升高可能会出现的结果是什么？（单选题）

  A. 海平面升高

  B. 海洋酸性增加

  C. 大型风暴的路径发生改变

  D. 以上均是

扫描左侧二维码查看本书更多测试题

第一部分　风云变幻，地球的动态大气

Foundations
of Earth Science

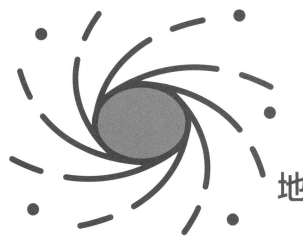

第一部分

风云变幻，
地球的动态大气

Foundations
of Earth Science

01

大气圈如何调节温度?

妙趣横生的地球科学课堂

- 天气和气候有何不同?

- 外太空从何处开始?

- 地球温度的"调节器"是什么?

- 气象学家如何划分四季?

- 二氧化碳如何给地球"盖上棉被"?

- 为什么世界最高的气温记录发生在美国?

即使 2019 年 1 月已接近尾声，但极寒天气笼罩着美国中西部和北部平原。由于一个时代中最冷的空气从北极降临，美国数十个城市仍然都创下了历史低温纪录。1 月 30 日星期四早上，明尼苏达州、威斯康星州和伊利诺伊州的部分地区比阿拉斯加北坡的温度还要低大约 12℃。大约 9 000 万人经历了 -20℃ 或更低的温度，其中有 2 500 万人面临着 -30℃ 的温度。这种极端温度会导致冻伤，甚至会危及生命。

导致这种极端天气的罪魁祸首是极地涡旋，即环绕北极的大面积寒冷空气。极地涡旋是一种逆时针方向的空气流动，它使较冷的空气持续位于两极附近，但突然从南方吹入北极的暖空气导致涡旋变得不稳定并向南移动。气候科学家认为，这种行为是全球气候变暖的一种征兆。

要想了解极端天气的成因和未来趋势，我们首先要认识地球的大气圈。放眼整个太阳系，地球的大气圈以其独特的气体成分配比、温度和湿度条件而独树一帜。这些条件构成了已知的能够维持生命的必要条件，可以说，组成地球大气圈的各种气体对人类生存至关重要。

本章内容，你将学习大气圈的成分和边界，并了解空气升温的原理、季节的成因以及全球温度变化的控制因素，让我们一起开始探究生存所必需的"空气之海"吧。

Q1　天气和气候有何不同？

假设计划到一个陌生的地方度假，你可能想知道当地的天气情况，因为天气信息可以帮助你挑选携带的衣物，还可能影响度假时的具体活动安排。可惜天气预报在预测未来多天的天气情况时并不是很可靠，因此你不太可能获得度假期间目的地天气情况的可靠信息。

你可能会向一些熟悉当地情况的人询问天气。"经常有雷雨吗？""晚上冷吗？""下午是晴天吗？"在这种情况下，你想要的其实是气候信息，是当地的典型情况。这种信息的另一个有用来源是各种气候表、气候图和图表。比如，图 1-1 就显示了纽约市每个月的日平均最高和最低温度以及极端气温。这类信息毫无疑问可以帮助你规划旅程。但重要的是要认识到气候数据不能预测天气。尽管在你准备去度假的那段时间，某地通常（从气候上来说）较为温暖干燥，但实际上你也可能会遇到凉爽或阴雨天气。有一句谚语可以总结天气和气候的区别："气候是预期，而天气是现实。"

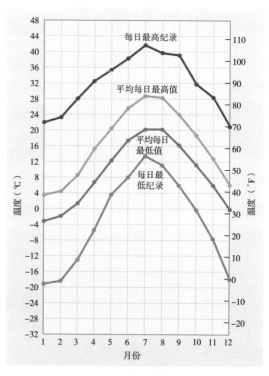

图 1-1　气候数据图

该图显示了纽约市的每日温度数据。除了每月的平均日最高和最低温度以外，还显示了极端值。如该图所示，极端值明显偏离平均值。

天气和气候虽然是不同的概念，但二者有很多共同点。接下来，让我们来学习天气和气候的特点。

天气

天气影响着人们的日常活动、工作、健康状况和舒适度。很多人只有在天气带来不便或想要进行户外活动时，才会关注天气。虽然如此，在人类的生存环境中，很少有其他方面能比天气现象对人们生活的影响更大了。

"天气"一词是指特定时间某地的大气状态。天气总是在变化，每小时或每天都会变化。虽然天气在不断变化，有时甚至很不稳定，但这些变化是可以被归纳的。气候就是对天气情况的综合描述。气候以数十年积累的观察结果为基础，通常被简单地定义为"平均天气"，但这种定义是不充分的。对某个区域气候的准确描述必须包括各种变化和极端条件，以及这些不寻常的情况出现的概率。例如，农民不仅需要知道生长季的平均降水量，还需要知道极端降水和极端干旱年份出现的频率。因此，气候是有助于描述某地方或区域的统计天气信息总和。

美国的天气

美国国土从热带一直延伸到了北极圈。它既有绵延数千千米的海岸线，也有远离海洋的大片地区。有些地区是多山地形，有些地区则以平原地形为主。西海岸会受到太平洋风暴的袭击，而东部各州有时会受到大西洋和墨西哥湾流的影响。美国中部的天气事件是由两个气团相遇所触发的，即向南移动的寒冷加拿大气团与向北移动的墨西哥湾气团。

关于天气的报道是每日新闻的一部分。关于热、冷、涝、旱、雾、雪、冰，以及强风的影响的各类文章及新闻比比皆是。当然，各种风暴时常成为头条新闻（见图1-2）。天气除了直接影响个人生活之外，还极大地影响着世界经济，农业、能源消耗、水资源、运输业和工业都与天气息息相关。

天气对人们的生活有着巨大影响。然而，我们还需要意识到，人类同样影响着大气圈和大气圈的行为。因此，我们要为解决全球气候变暖等问题持续努力。显然，人们需要先提高对大气及其行为的认识和理解。

图 1-2　难忘的天气事件

在人类的生存环境中，很少有其他方面能比天气对人们的生活造成的影响更大。2017 年的大西洋飓风季带来了三场毁灭性的飓风：飓风"哈维""艾尔玛""玛丽亚"。风暴潮、强风和暴雨造成了数十亿美元的损失。

资料来源：Chip Somodevilla/Getty Images。

天气和气候的区别

气象学是对大气和我们通常所说的天气现象所进行的科学研究。在地球运动和太阳能量的共同作用下，地球上的空气层就会形成各种各样的天气，这些天气又转而形成了全球气候的基本模式。天气和气候虽然是不同的概念，但二者有很多共同点。

准确的天气预报离不开全球各地的数据，因此联合国成立了世界气象组织来协调与天气和气候有关的科学活动。世界气象组织由 187 个成员国和 6 个成员地区组成。该组织的世界天气监视网通过各成员操作的观测系统提供即时的标准化观测结果。这个全球系统包括陆地和海上站点，以及来自航空器和卫星的数据。

天气和气候的性质可以使用一些定期测量的相同基本属性或要素来表达。最关键的要素包括气温、湿度、云的类型和总量、降水的类型和总量、气压，以及

> ── 你知道吗？ ──
>
> "气象学"一词诞生于公元前 340 年，当时古希腊哲学家亚里士多德写了一篇题为《气象学》（*Meteorlogica*）的论文，描述了大气和天文现象。在亚里士多德时代，任何从天上掉下来或在天上出现的东西都被称为流星。然而，我们现在已经能够把大气圈中的冰块或水滴与流星或流星体等地外物体区别开来了。

风速和风向。这些要素是描述天气模式和气候类型的主要变量。虽然一开始我们将分别学习这些要素，但要记住它们之间是密切关联的。这些要素中任何一个的变化通常都会导致其他要素也发生变化。

我们已经了解了天气和气候的不同，但如果气候是从天气数据中总结出来的典型规律，那么，美国西北部的气候突变（极寒气候）又是如何发生的呢？这就需要我们将视角回到地球的大气圈中，在主要的气体成分和它们的物理特性上寻找原因了。

有时，空气一词似乎代表某种具体的气体，但事实并非如此。空气是许多不同气体的混合物，每种气体都有自己的物理特性，空气中还悬浮着数量不同的各种微小固体和液体颗粒。

非变量成分

氮气和氧气这两种气体占据了干净、干燥空气体积的99%。虽然这两种气体在地球大气中含量最多，并且对地球上的生命也非常重要，但它们对天气现象的影响小到可以忽略不计。剩下1%的干燥空气主要是惰性气体氩（0.93%）和少量其他气体（见图1-3）。

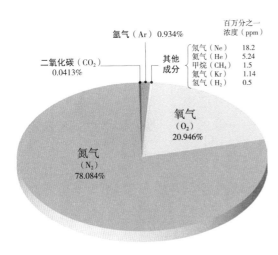

图1-3 大气圈的成分

该图显示了构成干燥空气的气体体积比例。氮气和氧气显然是主要成分。

变量成分

空气包含了很多气体和微粒，它们的数量会随时间和地点而变化。重要的成分包括二氧化碳、水蒸气、微尘和臭氧。虽然这些成分通常只占很小一部分，却对天气和气候有显著的影响。

二氧化碳。二氧化碳的总量虽然很少（0.0413%），却是空气的重要组成成分。气象学家对二氧化碳很感兴趣，因为它能有效吸收地球释放的能量从而影响大气圈的加热过程。尽管大气圈中二氧化碳所占的比例在不同地点和不同高度的大气中相对一致，但过去一个多世纪以来，它的百分比一直在稳定上升。图 1-4 显示了 1958 年以来空气中二氧化碳含量的增长情况。这种增长在很大程度上源于不断增长的化石燃料（比如煤和石油）的消耗。尽管增加的二氧化碳有的被海洋吸收或被植物利用了，但还有超过 40% 留在空气中。据估计，到 21 世纪下半叶的某个时候，空气中的二氧化碳水平将达到工业化之前的 2 倍。

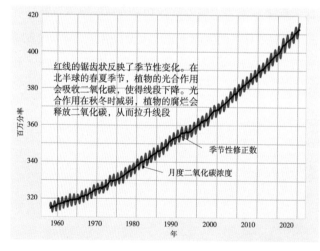

图 1-4 二氧化碳月浓度

夏威夷冒纳罗亚天文台自 1958 年起就开始测量大气中的二氧化碳浓度了。自监测以来，二氧化碳浓度在持续上升。这个图被称为基林曲线，是以发明这种测量方法的科学家查尔斯·基林（Charles David Keeling）的名字命名的。
资料来源：NOAA。

大气科学家大多认为，在过去几十年中，地球大气圈变暖的主因是二氧化碳浓度的增加，并且这一现象在接下来的几十年中还将持续。未来的温度变化幅度还无法确定，这在一定程度上取决于未来数年中人类活动排放的二氧化碳量。本章稍后再来探讨二氧化碳在大气圈中的角色以及可能对气候造成的影响。

水蒸气。通过收看电视上的天气预报，你可能已经很熟悉"湿度"这个词了。湿度与空气中的水蒸气有关。后文将介绍湿度的几种表达方式。空气中的水蒸气含量变化很大，从几乎没有，到约占空气体积的4%。为什么大气圈中占比很小的水蒸气如此重要呢？水蒸气是所有云和降水的来源，这一事实就足以解释它的重要性了。然而，水蒸气还有其他作用。和二氧化碳一样，水蒸气可以吸收地球释放的热量和一些太阳能。因此在研究大气圈的加热和地球能量的流动时，水蒸气就非常重要了。

当水从一种状态转变到另一种状态时（见图 2-1），它会吸收或释放热量。这种能量被称为潜热，也就是"隐藏的"热量。大气圈中的水蒸气会把这种潜热从一个地区输送到另一个地区，这正是驱动很多风暴的能量来源。

气溶胶。大气的运动足以使大量固态和液态颗粒悬浮在其中。这些微小的固态和液态颗粒被统称为气溶胶。虽然肉眼可见的灰尘有时会笼罩天空，不过这些相对较大的颗粒由于太重而无法在空气中停留太久。但是很多气溶胶颗粒很小，可以悬浮相当长时间。它们有很多种来源，有天然的，也有人造的，还有可能是被碎波激荡到空气中的海盐、被吹到空气中的细粒土壤、燃烧产生的烟和灰、被风扬起的花粉和微生物、火山喷发的火山灰和尘土等。

从气象学角度来看，这些肉眼通常不可见的微小颗粒很重要。首先，它们是水蒸气凝结所依附的载体，这一功能对云和雾的形成至关重要。其次，气溶胶可以吸收或反射入射的太阳辐射。因此，当出现空气污染，或者在火山爆发后火山灰布满天空时，到达地表的阳光量会明显减少。最后，气溶胶引发了一种我们都能观察到的光学现象——日出和日落时天空中呈现的不同的红色和橙色色调。

臭氧。大气的另外一种重要成分是臭氧。它的每个分子由 3 个氧原子组成。

臭氧与我们呼吸的氧气不同，氧气的每个分子只有两个氧原子。大气圈中的臭氧很少，分布也不均匀。它集中于地表以上 10 ～ 50 千米的圈层中，该圈层被称为平流层。

在这个高度范围内，吸收了太阳发出的紫外辐射的氧气分子会分裂成单个氧原子。然后，单个氧原子与一个氧气分子碰撞，生成臭氧。这一过程必须在第三种中性分子的存在下发生，这种中性分子会充当催化剂使反应得以进行，而自身在反应过程中不会被消耗。臭氧之所以集中在 10 ～ 50 千米的高度范围内，是因为那里存在一个重要的平衡：来自太阳的紫外辐射足以制造单个氧原子，并且有足够的气体分子以产生反应所需的碰撞。

大气圈中臭氧层的出现对生活在陆地上的生物来说至关重要。这是因为，臭氧吸收了大部分有害的紫外辐射。如果臭氧没有过滤掉大量紫外辐射，那地球将不再适合大部分已知生命居住。

> **你知道吗？**
>
> 虽然在平流层中自然生成的臭氧对地球上的生命至关重要，然而在地面生成的臭氧却被视为一种污染物，因为它会危害植被和人类健康。臭氧是一种被称为光化学烟雾的有害气体和粒子混合物的主要成分。汽车尾气和工业产生的污染物在阳光的作用下发生反应时，就会形成臭氧。

Q2　外太空从何处开始？

大气圈始于地表，然后向上延伸，这是显而易见的。然而，大气圈在何处终止，外太空又从何处开始呢？其实大气圈和外太空之间并没有清晰的边界；大气圈在距地球的陆地 - 海洋表面较远的地方会迅速变薄，最终只剩下极少量的气体分子。

压力变化

　　为了解大气圈的垂向范围，我们先研究大气压随高度改变的变化情况。大气压是因空气重量形成的。美国国家气象局采用毫巴（mb）作为大气压的度量单位。在海平面上，平均大气压稍高于1 000毫巴。这相当于每平方厘米的面积承受着略大于1千克的重量。海拔越高，大气压越小，因为高海拔处的空气更稀薄（见图1-5）。

　　有一半的大气圈都位于海拔5.6千米以下。90%的大气存在于0～16千米的高度范围内。超过100千米后，组成大气的气体就只剩0.000 03%了。即便如此，地球的大气圈范围也远远超过这一高度，向上逐渐与空旷的外太空融为一体。

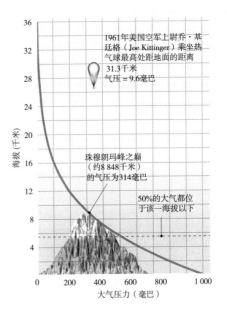

图 1-5　气压随海拔而变化

气压随海拔升高而减小的速率并不是恒定的。气压在地表附近快速降低，在高海拔位置降低的速度则较慢。换句话说，这幅图表明组成大气的大部分气体都非常靠近地表，这些气体向上逐渐与空旷的外太空融为一体。

温度变化

　　在20世纪初，科学家利用气球和风筝收集了很多数据，据此发现近地表的气温会随着高度增加而下降。凡是攀登过高山的人都会有这种体会，白雪皑皑的山峰伫立在无雪的地上的照片显然也证明了这一现象（见图1-6）。我们根据温度在垂直方向上的变化把大气圈分为4个层（见图1-7）。

图 1-6 对流层中温度随海拔上升而下降

积雪覆盖的山脉和无雪的低地可以说明，在对流层中海拔越高温度越低。

资料来源：Hemis/ Alamy Stock Photo。

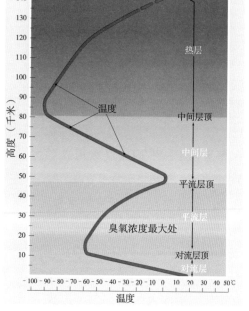

图 1-7 大气圈的热结构

地球的大气圈通常根据温度分为 4 层。

对流层。大气圈的最底层（第一层）被称为对流层，人类就生活在这一层，该层的温度随着海拔上升而下降。"对流层"这个词的字面意思是空气发生"翻转"的区域。也就是说，在这个最底部的区域中，天气容易发生剧烈的变化。对流层是气象学家最为关注的区域，因为基本上所有重要的天气现象都发生在这一层。

对流层温度的下降被称作环境直减率。虽然环境直减率的平均值是每千米 6.5℃，但该值是动态的。为了确定具体时间和位置的实际环境直减率，并收集有关压力、风和湿度在垂直方向上的变化信息，需要使用无线电探空仪。无线电探空仪是一种装载于气球上的仪器箱，在大气圈中上升时会通过无线电发送数据（见图 1-8）。对流层的厚度各地并不相同，它会随纬度和季节的改变而变化。平均来说，在海拔 12 千米以内，温度都会随高度的增加而持续下降。对流层的外边界是对流层顶。

平流层。对流层之上就是平流层（第二层）。在平流层中，温度在 20 千米以下保持不变，超过这一高度后温度会逐渐上升，直到达到距地表约 50 千米的平流层顶。在对流层，温度和湿度等大气圈特性很容易因大量的气流和混合作用而发生改变。而在对流层顶以上的平流层则不会出现这种情况。平流层的温度会升高，这是因为大气中的臭氧主要集中于这一层。前文提到，臭氧会吸收太阳发射的紫外辐射，这一过程导致了平流层温度升高。

中间层。平流层之上是中间层（第三层），在这一层中，温度再次随高度的上升而降低，在距地表约 80 千米的中间层顶处，温度降至 -90℃。大气圈

追踪无线电探空仪的雷达装置

气象气球

无线电探空仪（设备组）

图 1-8　无线电探空仪

无线电探空仪是一套随小型气象气球升空的轻型仪器。它会发送对流层的温度、压力和湿度的垂向变化数据。对流层几乎是所有天气现象发生的地方，所以有必要进行频繁测量。

资料来源：David R. Frazier/ Newscom。

温度的最低值就是中间层顶的温度。由于难以到达，就连飞行高度最高的调查气球和轨道高度最低的人造卫星都无法进入该区域，因此，人类对中间层的探索十分有限。最近的技术发展才刚开始填补这一知识缺口。

热层。热层从中间层顶开始向外延伸（第四层），没有明确的外边界。热层的质量只占大气圈质量很小的一部分。在最外层极其稀薄的空气中，由于氧原子和氮原子吸收了短波高能的太阳辐射，温度又开始上升。

在热层中，温度可以达到高于 1 000℃ 的极高水平。不过这种温度与我们在地表附近所感受到的温度不同。这种温度是根据分子运动的平均速度来定义的。热层的气体以极高的速度运动，导致这一层的温度很高。但是这些气体太稀薄

了，所以它们的总热量微不足道。因此，在热层中绕地球运行的卫星的温度主要取决于它吸收的太阳辐射量，而不是它周围几乎不存在的高温空气。身处热层的宇航员如果把手暴露在空气中，也不会感到热。

Q3　地球温度的"调节器"是什么？

造成地球上天气和气候变化的几乎所有能量都来自太阳。地表接收到的太阳能总量会随纬度、时间和季节而变化。站在冰块上的北极熊和远方热带海滩上的棕榈树，这种强烈的视觉对比就能说明地球表面接收的热量存在着极端差异。作为人类的我们，也能切身感受到天气的季节性变化和区域性差异。

正是地表热量的不均衡创造了风，也驱动了洋流，而空气和水的运动又将热带的热量输送到两极，不断地试图平衡能量的不均衡。这些过程所引发的结果就是天气现象。

如果太阳消失，全球的风将会很快停止。但只要阳光还在普照，风就会继续吹，天气现象就会继续存在。因此，要想了解动态的天气机制是如何发挥作用的，我们必须首先知道为什么不同纬度接收到的太阳能不一样，以及为什么一年中太阳能总量的变化会导致季节的产生。

地球的自转和公转

地球有两种基本运动：绕地轴的自转和绕太阳的公转。自转就是地球绕地轴旋转。地轴是一条穿过南北两极的假想线，地球每自转一次需要 24 小时并会产生昼夜循环。地球在任何时刻都有一半身处白天而另一半身处黑夜，将白天和黑夜分隔开的那条线被称为晨昏线。

地球同时也在近乎椭圆形的轨道上绕太阳转动，绕行一圈需要 365.25 天（1年）。由于地球绕太阳转动的轨道不是正圆形，所以日地距离在一年中会有差异。在每年的 1 月 3 日左右，地球距离太阳最近，大约 1.473 亿千米。地球离太阳最近的位置被称为近日点。大约 6 个月后的 7 月 4 日，地球距太阳最远，约1.52 亿千米。地球离太阳最远的位置被称为远日点。地球和太阳之间的平均距离约为 1.5 亿千米。

尽管地球在 1 月离太阳最近，并且接收到的能量比在 7 月时多了 7%，但这种差异在产生季节性温度变化中只起到较小的作用。北半球处于冬季时地球离太阳最近，这一事实也证明了这一点。

季节性变化

如果造成季节性温度变化的原因不是日地距离的差异，那应该是什么呢？你肯定已经注意到白昼长度在一年中是逐渐变化的。离赤道越远，白昼长度在一年中的变化就越明显。实际上，北极从 3 月 21 日到 8 月 21 日一直处于白昼。这就能解释夏季和冬季的温差：白昼越长，天气就越温暖。

此外，太阳在地平线上的角度（地平纬度）也会影响到达地表的太阳能总量。当太阳位于头顶正上方时（与地面呈 90° 角），太阳光最集中，也最强烈。角度越低，到达地表的太阳辐射越分散、强度越低。这就解释了为什么热带地区比两极的温度高得多，因为热带地区的全年太阳高度角始终较大，而两极地区的太阳高度角较小（见图 1-9a）。为了理解这个原理，你可以用手电筒垂直照射一个表面，然后改变手电筒的角度（见图 1-9b）。

> **你知道吗？**
>
> 在美国，太阳能够直射的唯一一个州是夏威夷州，因为其他所有的州都位于北回归线以北。火奴鲁鲁位于北纬约 21°，每年有两次太阳高度角达到 90°—— 一次大约在 5 月 27 日正午，另一次大约在 7 月 20 日正午。

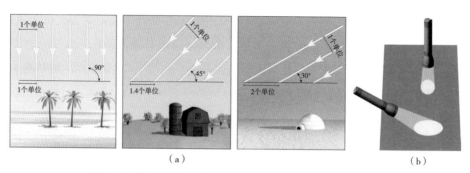

图 1-9　太阳高度角的变化导致到达地表的太阳能总量的差异

图（a），太阳高度角越大，到达地表的太阳辐射越强。图（b），如果手电筒的光以 90° 照射一个表面，就会形成一个小的强光点；如果以其他角度照射，被照亮的区域更大，但明显更暗。

　　太阳的角度还决定了阳光穿过大气圈的路径（见图 1-10）。当太阳在头顶正上方时，阳光以 90° 角穿过大气圈，以最短的可能路径到达地表。当阳光以 30° 角进入大气圈时，则需要多走一倍的距离才能到达地表，如果以 5° 角进入大气圈，就要经过大约 11 个大气圈的距离。阳光所经过的路径越长，被大气散射或吸收的概率就越大，从而进一步削弱阳光到达地表的强度。太阳高度角的变化说明了为什么在晴天时正午是一天中最亮的时候，以及为什么日落时分光线会变得昏暗。

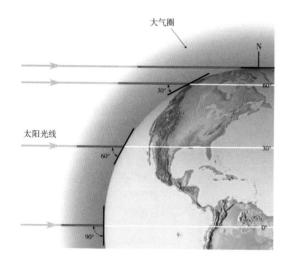

图 1-10　太阳光在到达地表前需穿过的大气圈路径会影响光的强度

以低角度（靠近两极）照射到地球上的太阳光线肯定比以高角度照射到地球上的太阳光线（赤道附近）在穿过大气圈时的路径更长，因此会因为反射、散射和吸收而遭受更大的损耗。为展示这种效应，本图夸大了大气圈的厚度。

地球相对于太阳的方向

为什么一年中太阳高度角和白昼长度会发生变化？原因是地球沿公转轨道运行时，相对太阳的方向在不断变化。地轴（地球自转时围绕的一条穿过两极的假想线）并不垂直于它绕太阳公转的轨道平面。相反，地轴相对于公转轨道平面的垂向倾斜了 23.5°。这个角度叫地轴倾角。如果地轴不倾斜，地球就不会出现季节交替。因为地轴总是指向同一个方向（北极星），所以地轴相对于太阳光线的方向总是在变化（见图 1-11）。

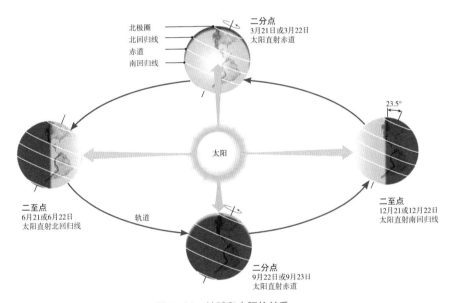

图 1-11　地球和太阳的关系

比如，在每年 6 月，地球在公转轨道中所处的位置会导致北半球向太阳"倾斜" 23.5°（见图 1-11 左侧）。在 12 月，地球移动到了公转轨道的另一面，北半球背离太阳"倾斜"了 23.5°（见图 1-11 右侧）。在这两个极端点之间，地轴相对于太阳光线的倾斜角度小于 23.5°。这种方向变化导致太阳光线垂直照射在地表的位置每年从赤道以北 23.5° 向赤道以南 23.5° 迁移。

这种迁移又导致纬度为 23.5° 的地方一年内的正午太阳高度角变化高达 47°（23.5° + 23.5°）。在纽约市（大约北纬 40°）这样的中纬度城市，6 月，当太阳的垂直射线到达最北位置时，该位置的正午太阳高度角达到最大值 73.5°，到了 12 月，正午太阳高度角则达到最小值 26.5°。

二至点和二分点

根据地球在公转轨道中的位置以及太阳垂直射线每年的迁移，每年有 4 天具有特殊意义。在 6 月 21 日或 6 月 22 日，太阳光线垂直照射北纬 23.5°（赤道以北 23.5°），这一纬度也被称为北回归线。对生活在北半球的人来说，6 月 21 日或 6 月 22 日就是夏至，也就是夏天"正式"的第一天（见图 1-12a）。

在 12 月 21 日或 12 月 22 日，地球转动到轨道的另一侧，太阳光线垂直照射南纬 23.5°（见图 1-12b）。这一纬度被称为南回归线。对生活在北半球的人来说，12 月 21 日或 12 月 22 日就是冬至。而南半球的同一天则是夏至。

二至的中间点就是二分。9 月 22 日或 9 月 23 日是北半球的秋分，3 月 21 日或 3 月 22 日是北半球的春分。在春分和秋分，太阳光线垂直照射赤道（纬度为 0°），因为地球在公转轨道上正好位于地轴既不偏向太阳也不偏离太阳的位置（见图 1-12c 和图 1-12d）。

白天与夜晚的长度也取决于地球相对于太阳光线的位置。在 6 月 21 日，也就是在北半球夏至这一天，白天比夜晚长。通过比较图 1-12a 中某一纬度上处于晨昏线的"白天"一侧与处于"夜晚"一侧所占的比例，不难看出这一点。在冬至这一天，情况则刚好相反，夜晚比白天长。仍以纽约市为例，在 6 月 21 日纽约市的白天长达 15 小时，而在 12 月 21 日，纽约市的白天只有约 9 小时（见图 1-12 和表 1-1）。从表 1-1 中还可发现，在 6 月 21 日，从赤道开始，越向北白天越长。进入北极圈（北纬 66.5°）后，白天长达 24 小时。北极是拥有"午夜太阳"的区域。在这里，春分过后，太阳将在空中悬挂约 6 个月才落下。

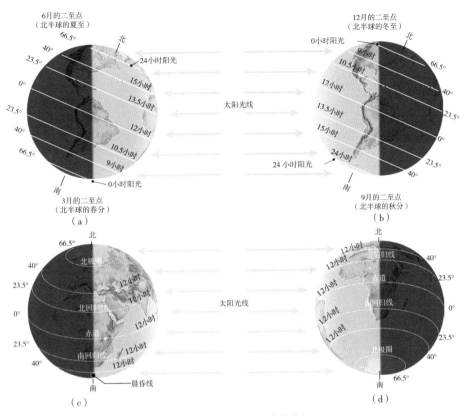

图 1-12 二至点和二分点的特征

表 1-1 白昼的长度

纬度（度）	夏至	冬至	春分/秋分
0	12 小时	12 小时	12 小时
10	12 小时 35 分	11 小时 25 分	12 小时
20	13 小时 12 分	10 小时 48 分	12 小时
30	13 小时 56 分	10 小时 4 分	12 小时
40	14 小时 52 分	9 小时 8 分	12 小时
50	16 小时 18 分	7 小时 42 分	12 小时
60	18 小时 27 分	5 小时 33 分	12 小时
70	24 小时（长达 2 个月）	0 小时 0 分	12 小时
80	24 小时（长达 4 个月）	0 小时 0 分	12 小时
90	24 小时（长达 6 个月）	0 小时 0 分	12 小时

　　图 1-13 总结了北半球的二至点和二分点的特征。参考图 1-13 就能明白为什么在夏季中纬度最热，因为那时白天最长且太阳高度角最大。冬至的情况则相反：白天最短，太阳高度角最小。在二分日，也就是昼夜平分时，地球上任何地点的白昼时长都是 12 小时，因为晨昏线直接穿过两极从而平分纬度线。

特征	夏至	冬至	春分/秋分
日期	6月21日或6月22日	12月21日或12月22日	春分：3月21日或3月22日 秋分：9月22日或9月23日
太阳光直射点	北回归线	南回归线	赤道
白昼长度	白天最长的时期	白天最短的时期	昼夜长度相等
正午太阳高度角	在地平线上的最高点	在地平线上的最低点	在地平线上的中间位置

图 1-13　北半球的二至点和二分点特征总结

　　同一纬度上所有位置的太阳高度角和白昼长度都是相同的。如果上文所描述的地球和太阳的关系是温度的唯一影响因素，那我们可以得出这样的结论：同纬度地区具有相同的温度。显然，事实并非如此。接下来我们会讨论影响温度的其他因素。

Q4　气象学家如何划分四季？

　　我们通常把天气现象与每个季节联系在一起，但天气现象与二分点和二至点所定义的天文季节并不一致，所以气象学家更倾向于以温度为主要依据，将一年分为 4 个周期，每个周期长 3 个月。因此，12 月、1 月和 2 月是冬季，这是北半球最冷的月份。最温暖的 6 月、7 月和 8 月是夏季。冬季和夏季之间的过渡季节就是春季和秋季。

　　温度是非常重要的定义季节的指标，接下来，我们换个角度，从能量的角度继续研究温度和热量的关系。

宇宙由物质和能量组成。物质的概念很好掌握，因为它是我们能看到、闻到和触摸到的实体。而能量就要相对抽象一些，也更难描述。能量以辐射的形式从太阳来到地球，也就是我们看到的光和感受到的热。随后，这些能量会经地球系统发生转换和传输。

能量可以简单地定义为做功的能力，比如使物体发生位移。常见的例子包括驱动汽车的汽油的化学能，激发水分子运动（烧开水）的火炉的热能，还有能让雪以雪崩的形式向山坡下运动的重力势能。这些例子说明能量的形式多种多样，并且可以从一种形式转换为另一种形式。比如，汽油的化学能最初在汽车的引擎中转换为热能（我们通常称之为热量），然后再转换为驱动汽车的机械能。

能量的形式

能量可以分为两种类别：动能和势能。

动能。一个物体因运动而具有的能量叫作动能。动能的一个简单的例子是钉钉子时锤子的运动。摆动的锤子可以使另一个物体发生位移（做功）。锤子摆动得越快，它的动能（运动能量）就越大。同理，如果摆动的速度一样，那么大（重）锤子比小锤子具有更多的动能。同样，飓风比轻柔的局部微风拥有更多动能，因为飓风的规模更大（覆盖面积更广）、传播速度也更快。

势能。顾名思义，势力就是拥有做功的潜力或能力。比如，因上升气流而悬浮在堆积云团中的大冰雹具有重力势能。如果上升气流变弱，在重力的作用下，这些冰雹会降落到地表，对屋顶和车辆造成破坏。很多物质，包括木材、汽油以及食物，在适当的环境下都具有势能，也就是做功的能力。

热量和温度

"热量"一词通常被当作"热能"的同义词来用。在这种使用情境中，热量是指因物质内部的原子或分子的运动而产生的能量。当物质被加热时，它的原子会运动得越来越快，导致它的热量不断升高。此外，温度与物质的原子或分子的平均动能有关。换种说法就是，"热量"一词通常指热能的总量，而"温度"一词则指强度，也就是热的程度。

热量和温度是两个密切相关的概念。热量会由于温差而发生流动。在任何情况下，热量都会从较热的物质传向较冷的物质。因此，如果两个温度不同的物体相互接触，温度高的物体就会变冷，而温度低的物体会变热，直到二者的温度相等为止。

研究发现，热量传递有三种机制：传导、对流和辐射（见图 1-14）。尽管我们在本书中将它们分开介绍，但这三种热量传递机制可以同时发生，共同起作用。相应的过程能够在太阳和地球之间，以及地表、地球大气圈和外太空之间传递热量。

图 1-14 热量传递的三种机制

传导

试过拿起放在沸腾汤锅里的金属勺子的人都知道，热量是沿着整个勺子传递的。热汤使勺子一端的分子振动得更快。这些分子与相邻分子发生更剧烈的碰撞，也包括勺子另一端的分子。这种热量传递的方式叫作传导。传导就是通过分子碰撞，使热量从一个分子转移到另一个分子。

不同物质的导热能力差异很大。金属是热的良导体，摸过热金属的人应该能了解这一点。空气则是热的不良导体。因此，热传导在地表和直接接触地表的空气之间比较显著。如果将大气视作一个整体，那么传导是影响最小的一种热量传递机制。

对流

在地球的大气圈中，大部分热量传递是通过对流实现的。对流是指通过物体内部的物质运动或循环来传递热量。它发生在分子和原子可以自由移动的流体中，比如水等液体以及空气等气体。图 1-14 中，在炉火上加热的这锅水就说明了简单的对流循环的特点。锅底受热后将热量传导给容器内的水。当水被加热时，它会膨胀并且密度变低。因此，锅底附近的热水由于浮力会上升，同时上方较冷、密度较大的水下沉。只要水从底部加热从顶部冷却，它就会持续"翻转"，形成一个对流循环。

一些位于大气圈最底部的空气通过辐射和传导获得热量，这些热量就以同样的对流方式向上传递。比如，在炎热的晴天，无庄稼的农田上方的空气比周围有庄稼的农田上方的空气受热更多。当耕地上方温暖且密度较低的空气向上浮起时，周围农田上方较冷的空气就会取而代之（见图 1-15）。

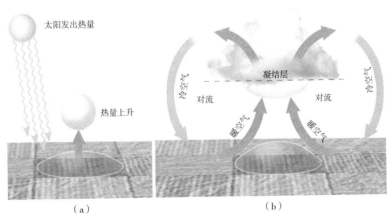

图 1-15　对流循环的一个例子：上升的暖空气和下沉的冷空气

图（a），地表被加热，产生上升暖气流，将热量和水分输送到高空。图（b），上升的空气冷却，如果达到凝结的水平就会形成云。

如此便形成了对流。上升的温暖空气团被称为上升暖流，鸟儿就是利用上升暖流翱翔在天空中的。这种对流不仅能传递热量，而且能传输空中的水分（水蒸气），从而导致云量增加。在温暖的夏季午后，我们经常能观察到这种现象。

从更大的范围来看，地表的不均匀加热创造了全球性的大气圈对流循环。正是这些复杂的运动使炎热的赤道地区和寒冷的极地之间可以进行热量的再分配。

辐射

第三种热量传递机制是辐射。辐射从源头向四面八方扩散（见图 1-14）。与需要介质才能传播的传导和对流不同，辐射是唯一一种能通过真空传递热量的机制，因此也是太阳能到达地球的机制。

太阳辐射。根据我们的日常经验，太阳能够发出光和热以及把人晒黑的紫外线。尽管这些形式的能量占太阳辐射总能量的绝大部分，但它们只是被称为电磁辐射的连续能量的一小部分。图 1-16 展示了电磁能的序列或者叫频谱。

来自太阳的各种辐射都以 30 万千米每秒的速度穿过真空的太空，这一速度就是光速。为了便于理解辐射能量，你可以将它想象成一颗鹅卵石扔进平静的池塘时激起的涟漪。与池塘中的波浪一样，电磁辐射的波也有不同的大小，或者说有不同的波长——两个波峰之间的距离。无线电波的波长最长，可达几千米。伽马射线的波长最短，只有不到十亿分之一厘米。短波辐射通常以微米为单位，即百万分之一米。

可见光，顾名思义，就是指光谱中人类肉眼可见的那一部分。我们通常把可见光叫作"白"光，因为它呈白色。但白光实际上是各种颜色光线的混合物，每种颜色的光对应特定的波长。利用三棱镜就可以将白光分离成彩虹的颜色序列。可见光中紫光波长最短，为 0.4 微米；红光波长最长，为 0.7 微米（见图 1-16）。

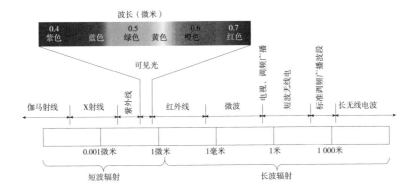

图 1-16　电磁频谱

该图描绘了不同类型辐射的名称和波长。可见光由一系列通常称为"彩虹色"的颜色组成。

资料来源：Dennis Tasa。

　　红外辐射紧邻红光且波长更长，我们虽然看不见它，却可以探测到它的热量。最靠近紫光的不可见光被称为紫外辐射，长时间暴露于阳光下导致晒伤的罪魁祸首就是它。尽管我们将太阳辐射分为以上几类，但所有形式的辐射基本上都是一样的。任何形式的辐射能量被一个物体吸收后，结果都会使该物体的分子运动增加，从而导致物体温度升高。

　　辐射定律。为了更好地了解太阳的辐射能量如何与地球大气圈及陆地 - 海洋表面相互作用，我们先大致了解一下辐射的基本规律。

- **任何物体，无论温度高低，都会发出辐射**。因此不仅太阳会持续辐射能量，温度低的物体，比如地球的极地冰盖，也可以持续发出辐射。
- **与低温物体相比，温度高的物体每单位面积辐射出的总能量更多**。太阳的表面温度约为 6 000℃，地球的平均表面温度只有约 15℃，太阳每单位面积辐射的能量是地球的 16 万倍。
- **与低温物体相比，温度高的物体能辐射更多短波形式的能量**。想象一块金属，当它被充分加热时，就像铁匠铺里的打铁过程一样，这块金属会发出白光，由此我们就能理解这个定律了。当金属冷却时，它以更长的波长释放更多能量，并发出红色的光。最后它不发光了，但如果你将手靠近这块金属，你会感觉到热，这是波长更长的红外辐射。太阳辐射的峰值波长约为 0.5 微米，属于可见光范围。地球辐射的峰值波长是 10 微米，位于红外辐射范围内。由于地球辐射的峰值波长是太阳辐射的峰值波长的约 20 倍，因此地球辐射通常被称为长波辐射，而太阳辐射被称为短波辐射。
- **善于吸收辐射的物体也善于发出辐射**。地表和太阳都是近乎完美的辐射体，因为它们在各自的温度下都达到了近乎 100% 的吸收率和辐射率。相比之下，气体则选择性地吸收和发出辐射。因此，大气圈对某些波长的辐射来说几乎是透明的（不吸收），对其他波长的辐射则几乎是不透明的（良好的吸收体）。经验告诉我们，大气圈对可见光来说是透明的，所以它们才能轻易到达地表。大气圈对地球发出的较长波长的辐射的透明度要低得多。

虽然太阳是辐射能量的最终来源，但所有物体都能持续发出一定波长范围的辐射。高温物体，比如太阳，主要发出短波（高能）辐射，较低温的物体，比如地球，发出长波（低能）辐射。

善于吸收辐射的物体，比如地球表面，也善于发出辐射。大部分大气圈的气体只能很好地吸收（发射）特定波段的辐射，而不擅长吸收（发射）其他波段的辐射。

接下来，我们将考察来自太阳的辐射路径以及导致每条路径上辐射量变化的因素，从而探究太阳的能量是如何加热地球表面和大气圈的。

入射的太阳辐射发生了什么

当太阳辐射进入地球的大气圈时，可能会同时发生三种情况。第一种情况是，空气对某些波长的辐射是透明的，因此空气只是简单地传递能量，而不会改变能量的传递方向或吸收能量。第二种情况是，部分能量可能会被吸收。当辐射的能量被吸收时，分子开始加速振动，从而导致温度升高。第三种情况是，一些辐射可能会被大气圈中的气体分子或灰尘粒子"反弹"出去，既不吸收也不传导。

图 1-17 显示了全球平均入射太阳辐射的去向。注意，大气圈对入射太阳辐射来说是相当透明的。平均来说，在到达大气圈顶部的太阳能中，约有 50% 能被地表吸收；另外 30% 被大气圈、云层和反射面反射回太空；剩下的 20% 则被云层和大气圈中的气体吸收。那么，到底是什么因素在决定太阳辐射是被传输到地表、被散射、被反射回太空，还是会被大气吸收呢？答案很大程度上取决于被传输的能量的波长，以及传输介质。

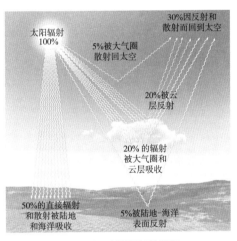

图 1-17　太阳辐射的路径

图中按百分比显示了入射太阳辐射的平均分布。地表吸收的太阳辐射比大气圈更多。

反射和散射

反射就是当光在遇到某些物体表面时，以与入射角相同的角度从物体表面反弹回来。相比之下，散射通常会使射线背离原来的直线轨迹。当光照射在大气圈中的原子、分子或小颗粒上时，会向四面八方散开（见图 1-18）。散射会令光向前和向后（背散射）分散。太阳辐射是发生反射还是散射，在很大程度上取决于传播介质的粒度大小和光的波长。

反射和地球反照率。 一个物体所反射的辐射的比例被称为反照率。图 1-19 给出了各种表面的反照率。刚下的雪和厚云的反照率很高（因此它们是很好的反射介质）。当你在飞机上俯瞰耀眼的云层时，就能感受到云的高反射率。相比之下，深色的土壤和停车场的反照率很低，因此可以吸收到来的大部分辐射。至于湖泊或海洋，太阳的光线射在水面上的角度会强烈影响反照率。地球的总反照率被称为行星反照率，大小为 30%（见图 1-17）。这部分能量从地球上流失了，对大气圈或地表的加热不起作用。

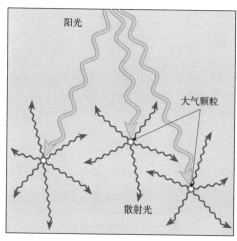

图 1-18　大气圈颗粒的散射

当阳光被散射时，光线会向四面八方传播。不同方向的散射能量不同。

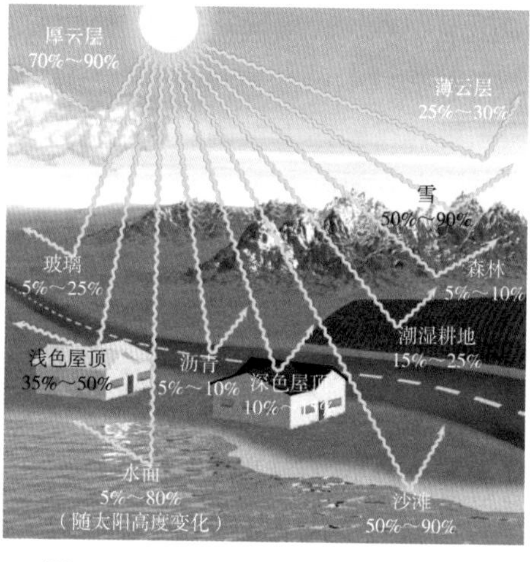

图 1-19　不同表面的反照率（反射率）

通常来说，浅色表面比深色表面反射的阳光更多，因此反照率更高。

散射和漫射光。 尽管入射的太阳辐射沿直线传播，但大气中的微小尘埃颗粒和气体分子会将一些能量散射到四面八方，形成漫射光。这一现象可以解释光线是如何传播到树荫下的，以及房间在没有太阳光直射的情况下为何仍有光亮。此外，散射还能解释白天时天空的亮度以及呈蓝色的原因。相比之下，像月球和水星这样没有大气圈的天体，即使在白天也只有黑暗的天空和"漆黑"的阴影。总的来说，在地表被吸收的太阳辐射中，大约有一半是以漫射（散射）光的形式到达地球的。

吸收

气体是选择性吸收介质，这意味着它们吸收不同波段的辐射的能力有着显著差异。当气体分子吸收电磁辐射时，能量转化为分子内部的运动，这种运动可以通过温度的升高来检测。

氮气是大气圈中最丰富的成分，它对所有类型的入射太阳辐射的吸收都不强。氧和臭氧可以有效吸收紫外辐射。氧气能除去大气中大部分短波紫外辐射，臭氧则吸收平流层中剩下的大部分紫外辐射。平流层对紫外辐射的吸收造成了该层的高温。另一种吸收太阳辐射的重要物质是水蒸气，它与氧气和臭氧一起，在大气圈中直接吸收了大部分太阳辐射。

就整个大气圈而言，没有一种气体能有效吸收可见波段的辐射，这就解释了为什么大部分可见辐射能够到达地表，以及为什么说大气圈对入射太阳辐射来说是透明的。因此，大气圈的大部分能量并不是直接从太阳获得的；相反，大气主要是被地表先吸收然后辐射到空中的能量所加热的。

大气的加热：温室效应

照射到大气圈顶部的太阳能有约 50% 可以到达地表并被吸收。这些能量中大部分又会重新向空中辐射。由于地球的表面温度比太阳的表面温度低得多，因此地球辐射的波长比太阳辐射的波长长。

大气圈整体可以有效吸收地球发出的长波辐射。吸收长波辐射的气体被称为温室气体。水蒸气和二氧化碳这两种大气圈气体吸收了地表发出的大量长波辐射。当地球辐射加热这些吸收性气体时，大气圈的温度也随之升高。然后，大气圈会将其中一部分能量辐射到太空，但更重要的是，大气圈也会将等量的能量辐射回地表，从而进一步使低层大气变暖。这一过程就是我们所说的温室效应。如果没有这个"传递烫手山芋"的复杂游戏，地球的平均温度将变成 -18℃，而不是现在的 15℃（见图 1-20）。

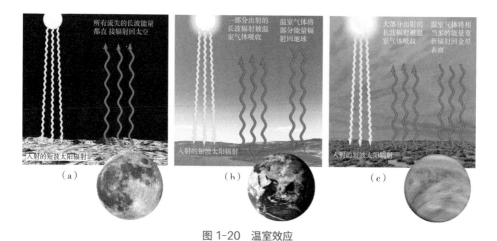

图 1-20　温室效应

地球与太阳系内的两个近邻的温室效应对比。图（a），类似月球的无空气天体。所有入射太阳辐射都会到达地表。有一部分会被反射回太空，剩下的被表面吸收并直接辐射回太空。因此月球表面的平均温度比地球表面平均温度低得多。图（b），类似地球的温室气体含量适中的天体。大气会吸收一部分由地表发出的长波辐射。这些能量中有一部分被辐射回地面，否则地表温度就会比现在低33℃。图（c），类似金星这样具有大量温室气体的天体。金星经历着极端的温室效应，它的表面温度可能高达523℃。资料来源：NASA。

当听到温室效应这个词时，你可能会联想到用来种植植物的温室。温室的玻璃允许太阳的短波辐射进入温室并被内部的物体吸收。反过来，这些物体又会发出长波辐射，加热温室内的空气。与大气圈不同的是，玻璃天花板会阻止对流，并将热量圈闭在温室内。虽然存在一些差异，但"温室效应"一词仍然被用来描述大气的加热。

Q5 二氧化碳如何给地球"盖上棉被"？

气候不仅会因地点不同而存在差异，还会随时间发生变化。在地球的历史长河中，早在人类主宰地球之前，地球就经历了多次冷暖、旱涝方面的循环变化。现在科学家意识到，除了自然力量外，人类活动也是造成气候变化的重要因素。大气圈中二氧化碳和其他微量气体的增加就是一个显而易见的例子。

我们已经知道，二氧化碳可以吸收地球发出的某些辐射并造成温室效应。由于二氧化碳是重要的吸热物质，所以大气圈中二氧化碳含量的变化可能会影响气温。

上升的二氧化碳水平

在过去两个世纪，全球工业化的主要动力来自煤、天然气和石油等化石燃料（见图 1-21）。这些燃料的消耗会排放出大量二氧化碳。图 1-4 显示了自 1958 年以来夏威夷冒纳罗亚天文台测量的二氧化碳浓度变化。

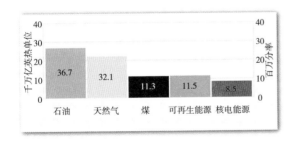

图 1-21 美国的能源消耗

本图显示了美国2019年的能源消耗。总量有100.2千兆英热单位（quadrillion Btll）。1 千兆等于 10^{15}。化石燃料的燃烧占总量的80%左右。

资料来源：U.S. Energy Information Administration。

化石燃料的使用是人类向大气圈排放二氧化碳的主要途径，但不是唯一途径。森林的大量砍伐也对二氧化碳浓度产生了重要影响，因为植被在燃烧或腐烂过程中也会释放二氧化碳。热带地区的森林砍伐情况尤为严重，那里的大片土地被开垦出来用作牧场或进行农业生产，或者进行低效的商业伐木活动（见图 1-22）。

图 1-22　热带森林的砍伐

砍伐热带雨林会造成严重的环境问题。除了造成生物多样性减少外，砍伐还制造了大量二氧化碳。人们通常用火焚烧来清理土地。图中的景象出现在巴西的亚马孙盆地。

资料来源：Nigel Dickinson/ Alamy Stock Photo。

人类释放的一些二氧化碳会被植物吸收或溶解在海洋中，但据估计还有 45% 残留在大气圈中。图 1-23 是追溯到大约 80 万年前的大气圈中二氧化碳浓度变化记录。在这段漫长的时间里，自然波动的范围大约在 180 ～ 300ppm。然而截至 2019 年，二氧化碳水平比工业革命前高出约 40%。更令人担忧的是，在过去几十年中，大气中二氧化碳浓度的年增长率一直在增加。

你知道吗？

二氧化碳并不是造成全球气候变暖的唯一气体。科学家已经意识到，工业和农业生产活动造成了几种微量气体的浓度增加，包括甲烷和一氧化二氮，它们也是导致全球气候变暖的重要因素。这些气体会吸收由地球发出的原本会进入太空的辐射。

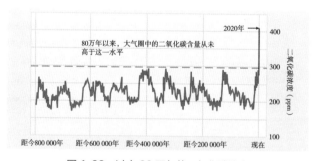

图 1-23　过去 80 万年的二氧化碳浓度

这些数据大部分来自冰芯中的气泡成分分析。1958 年以来的数据来自夏威夷冒纳罗亚观测站的直接测量。很显然，二氧化碳浓度自工业革命以来就一直在迅速上升。

资料来源：NOAA。

大气圈的响应

全球气温真的升高了吗？考虑到大气中温室气体含量的增加，答案是肯定的。联合国下属的政府间气候变化专门委员会（IPCC）2014 年的报告称："气候系统变暖毋庸置疑，并且许多观察到的变化是前所未有的……大气圈和海洋已经变暖，冰雪总量已经减少，海平面已经上升。"[①] 自 20 世纪中期以来，大多数观测到的全球平均气温上升情况，极有可能是因为观测到的人为导致的温室气体浓度增加。政府间气候变化专门委员会使用了"极有可能"这一措辞，表明可能性为 95% ～ 100%。

2019 年的全球平均温度约比 20 世纪中期的平均气温高了 1℃。图 1-24 显示了这种地表温度的上升趋势。从该图中可以看出，2019 年是有记录以来温度第二高的年份（第一为 2016 年），2015 年至 2019 年是有记录以来温度最高的 5 年。

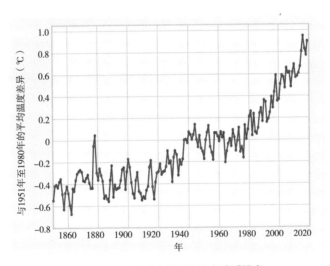

图 1-24　1850 年至 2019 年全球温度

①IPCC, "Observed Changes and Their Causes," *Climate Change 2014 Synthesis Report*. IPCC 是一个由科学家组成的权威组织，它通过定期报告向国际社会提供建议，这些报告评估了气候变化的原因和产生的影响。

天气模式和其他的自然周期会造成平均气温的年际波动，局部地区的表现尤为明显。比如，虽然 2016 年全球范围内出现了创纪录的高温，而美国大陆、冰岛和中国部分地区却在 1 月出现了异常寒冷的天气。然而，这是北美洲有记录以来最热的一年，也是亚洲有记录以来温度第三高的一年。不管每年的区域和季节差异如何，温室气体水平的增加都正在导致全球气温的长期上升。虽然每一年的温度不一定比前一年的温度高，但科学家认为，每 10 年的平均温度都比上一个 10 年高。

一些可能的结果

二氧化碳水平持续升高可能会造成哪些后果呢？前文已经介绍了一些人为导致的气候变化的严重后果，包括冰川消退、极地海冰融化以及海洋酸性增加。

人为导致的全球气候变暖带来的重要影响还包括海平面上升。大气圈的温度升高与海平面上升有何联系？第一个重要影响就是全球海洋最表层的热膨胀。温度更高的空气可以使与之接触的海洋上表面温度增加，造成水体膨胀、海平面上升。第二个重要影响就是冰川融化。

全球气候变暖可能导致天气变化，比如大型风暴改变路径，从而影响降水的分布和极端天气的发生。全球气候变暖还会使更强烈的热带风暴、热浪、干旱和野火发生的频率和强度增加。

大部分变化可能以环境逐渐改变的形式发生，因此难以察觉。虽然这些变化看起来是逐渐形成的，但对经济、社会和政治造成了巨大影响。

为了监控和预测天气和气候的变化，全世界上千个气象站每天记录的温度为气象学家和气候学家提供了大量可供编制分析的温度数据（见图 1-25）。每小时的温度可以由观察员记录下来，或者通过持续监测大气圈的自动化监测系统获得。在很多地方，只有最高温度和最低温度被记录下来。

图 1-25 用电子温度计测量温度

这个现代的遮挡罩里有一个热敏电阻电子温度计。遮挡罩可以保护仪器免遭阳光直射，同时允许空气自由流动。

资料来源：GIPhotoStock/Science Source。

基本计算

将一个地方的 24 小时温度数据取平均值，或者将 24 小时内的最高温度和最低温度相加再除以 2，就能得到日平均温度。当天的最高温度和最低温度之差就是日温度范围。还有一些周期较长的温度数据：

· 将一个月中每天的日平均温度相加，再除以当月的天数，就能得到月平均温度。

· 12 个月的月平均温度的平均值就是年平均温度。

· 月平均温度的最高值与最低值之差就是年温度范围。

无论是对日、月还是年进行对比，平均温度都非常有用。我们经常听到天气预报员说"上个月是有记录以来最热的 2 月"，或者"今天，丹佛比芝加哥温度高 10℃"。温度范围也是很有用的统计数据，因为它们能够反映极端情况，这是了解一个地方或区域的天气和气候的重要信息。

等温线

为了显示大面积范围内的气温分布情况，我们通常会使用等温线。等温线是一条将地图上温度相同的点连起来的线。因此，一条等温线经过的所有点在显示的时间段内都具有相同的温度。我们经常将等温线之间的温差设置为 5℃ 或 10℃，不过将温差设置为任何值都可以。值得注意的是，大部分等温线不会直接穿过观测站，因为站点的读数可能与等温线代表的温度不一致。只有在很偶然的情况下，站点的温度才刚好与等温线的值相同，所以画线时通常需要估计在站点之间哪个位置画比较合适。

等温线图是一种很有用的工具，能够使温度分布情况一目了然。低温和高温区域也很容易识别出来。此外，每单位距离的温度变化被称为温度梯度，它也很容易可视化。密集的等温线表明温度变化速度快，而稀疏的等温线则表明温度变化速度慢。科罗拉多州和犹他州的等温线较密集（温度梯度更陡），而得克萨斯州的等温线较稀疏（温度梯度较平缓）。如果没有等温线，我们在地图上看到的就是几十或几百个地方的温度数字，很难发现温度模式。

Q6　为什么世界最高的气温记录发生在美国？

据记录，美国和全世界公认的最高温度记录是 57℃。1913 年 7 月 10 日，加利福尼亚州死亡谷创下了这一纪录。很多人认为，世界上最热的地方难道不应该是赤道地区吗？确实，温度的主控因素是纬度。

前文提到，太阳高度角和白昼长度的年际变化取决于纬度，这就使得热带的温度较高，极地的温度较低。随着太阳的垂直光线在一年的迁移，就会形成我们在一年中观察到的季节性温度变化。图 1-26 显示了几个不同地区的年际温度循环，从中可以让我们认识到纬度是控制温度和季节性温差的关键因素。

但是纬度不是温度的唯一控制因素；如果是的话，那么同一纬度的所有地方都应该具有相同的温度。但事实并非如此。比如，加利福尼亚州尤里卡和纽约市都位于相同纬度，年平均温度都是 11℃。但纽约市 7 月的温度比尤里卡高 9℃，1 月的温度比尤里卡低 10℃。厄瓜多尔的两个城市基多和瓜亚基尔距离很近，但年平均温度却相差 12℃。要想解释这些现象和其他很

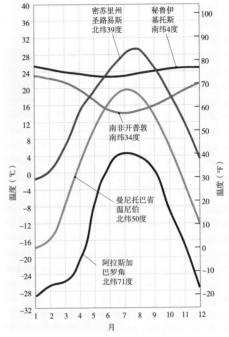

图 1-26　纬度是温度的一个主要影响因素

这 5 个城市的数据让我们认意识到纬度（地球－太阳的关系）是影响温度的关键因素。

多例外情况，我们必须了解到纬度之外的其他因素对温度也有着巨大的影响。其中最重要的包括陆地和水体的差异升温、海拔、地理位置以及洋流。

陆地和水体的差异升温

地表的加热直接影响了地表上方空气的升温。因此，为了了解气温的变化，我们必须了解暴露在阳光下的各种地表，包括土壤、水、树木、冰等的升温特性差异。不同的陆地表面吸收不同数量的入射太阳能量，这种差异会造成上方空气的温差。然而，最大的温度差异并不是不同类型的陆地之间的温度差异，而是在陆地和水面之间的温度差异。图 1-27 很好地说明了这一情况。这幅卫星图显示了 2004 年 5 月 2 日下午，在一次春季热浪期间，内华达州、加利福尼亚州和邻近的太平洋部分地区的表面温度。大陆表面的温度显然比水面的温度高得多。图

中的深红色表明加利福尼亚州南部和内华达州具有极高的地表温度①。

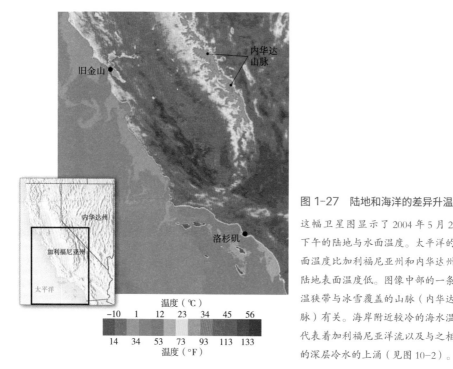

温度（℃）

| −10 | 1 | 12 | 23 | 34 | 45 | 56 |

| 14 | 34 | 53 | 73 | 93 | 113 | 133 |

温度（℉）

图 1-27　陆地和海洋的差异升温

这幅卫星图显示了 2004 年 5 月 2 日下午的陆地与水面温度。太平洋的水面温度比加利福尼亚州和内华达州的陆地表面温度低。图像中部的一条低温狭带与冰雪覆盖的山脉（内华达山脉）有关。海岸附近较冷的海水温度代表着加利福尼亚洋流以及与之相关的深层冷水的上涌（见图 10-2）。

太平洋的表面温度要低得多；内华达山脉的顶峰白雪皑皑，在加利福尼亚州东部形成了一条凉爽的蓝线。

在陆地和水并列分布的地区，如图 1-27 所示，陆地比水体升温更快、温度更高，在冷却时降温更快，最终温度更低。因此，陆地的温差比水体的温差更大。

为什么陆地和水体的升温和冷却存在差异？以下几个因素可以说明原因：

· 水的比热容（使 1 克物质的温度升高 1℃所需的总能量）比陆地的更大。因

---

① 当陆地表面很热时，上方的空气给人的感觉凉爽很多。比如当沙滩表面非常热的时候，它上方的空气温度就舒适得多。

此让水升温比让等质量的土地升温需要更多能量。

- 陆地表面是不透明的，所以热量只在表面被吸收；而水体就透明得多，热量可以渗透到几米深的地方。
- 被加热的水通常会与下方的水混合，从而使热量在更大的范围内传播。
- 水体的蒸发能力比陆地表面的蒸发能力强，蒸发过程伴随着降温。

所有这些因素都导致水体比陆地升温更慢，储存更多热量，降温也更慢。

通过两个城市的月温度数据，我们可以了解大型水体的缓冲作用以及陆地的极端情况（见图1-28）。不列颠哥伦比亚省的温哥华位于太平洋海岸的迎风面，马尼托巴省的温尼伯位于远离水体影响的内陆。这两个城市纬度近似相同，因此它们的太阳高度角和白昼长度也近似相等。然而，温尼伯1月的平均温度比温哥华低20℃。温尼伯7月的平均温度又比温哥华高2.6℃。虽然二者的纬度近似相同，但不受水体影响的温尼伯的温度变化幅度比温哥华更大。受太平洋的影响，温哥华一年四季温暖宜人。

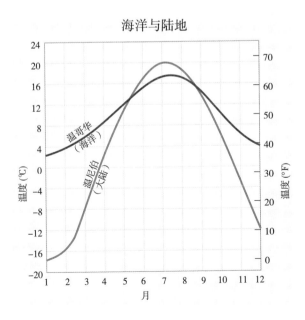

图1-28 不列颠哥伦比亚省温哥华和马尼托巴省温尼伯的月平均温度

太平洋带来的强烈海洋效应使温哥华的年温度范围较小。温尼伯的温度曲线说明内陆温度的极端值更大。

换一个尺度来看，北半球和南半球的温差也能说明海洋、湖泊等对温度的调节作用。北半球约 61% 的面积被水覆盖，剩下约 39% 是陆地，而南半球约 81% 的面积被水覆盖，陆地只占约 19%。南半球也因此被称为水半球（参见图 9-1）。表 1-2 说明，绝大部分被水覆盖的南半球年温度变化比北半球小得多。

表 1-2　年平均温度范围（℃）随纬度的变化

纬度	北半球	南半球
0	0	0
15	3	4
30	13	7
45	23	6
60	30	11
75	32	26
90	40	31

海拔

图 1-6 提醒我们，气温会随着海拔的升高而下降。前面提到的厄瓜多尔的两个城市基多和瓜亚基尔，说明了海拔对平均温度的影响（见图 1-29）。尽管这两个城市都在赤道附近，并且离得很近，但瓜亚基尔的年平均温度是 25℃，而基多的年平均温度只有 13℃。造成这种差异的主要原因是它们所处的海拔不同：瓜亚基尔的海拔只有 12 米，而基多位于安第斯山脉，海拔有 2 800 米。

上文提到，在对流层，温度每千米平均下降 6.5℃。因此，海拔越高，温度应该越低。但是环境直减率不能完全解释海拔差异导致的温度变化。如果用环境直减率计算的话，我们会认为基多的温度比瓜亚基尔的温度低 18℃，但它们的实际温差只有 12℃。这是因为地表可以吸收和再辐射太阳能，这导致了像基多这样的高海拔地区比使用环境直减率计算的温度高。

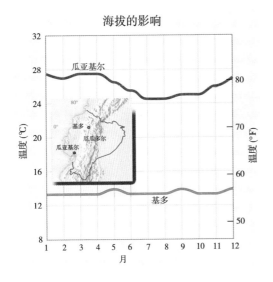

图 1-29 厄瓜多尔的基多和瓜亚基尔的月平均温度

这两个城市都位于赤道附近。然而，由于基多位于高海拔的安第斯山，海拔有 2 800 米，它比位于海平面附近的瓜亚基尔的温度更低。

地理位置和盛行风方向

地理环境对一个地区的温度有着很大影响。盛行风从海向岸吹的沿海地区（迎风海岸）与盛行风从岸向海吹的沿海地区（背风海岸）之间的温差非常大。迎风海岸会受到海水调节作用的极大影响——夏凉冬暖，而同一纬度的内陆地区则不会。

然而，背风海岸的温度模式会更偏大陆化，因为风没有把海洋的影响带到岸上。上文提到的加利福尼亚州尤里卡与纽约市的对比，就说明了地理位置对温度的影响。纽约市的年温度范围比尤里卡大了 19℃（见图 1-30）。

位于华盛顿州的西雅图和斯波坎的情况可以说明另一种地理条件的影响，那就是山脉屏障。虽然西雅图往东 360 千米就是斯波坎，但二者被高耸的喀斯喀特山脉隔开了。结果就是，西雅图的温度明显受海洋影响，而斯波坎则是典型的大陆型气候（见图 1-31）。斯波坎 1 月的气温比西雅图低 7℃，而 7 月则比西雅图高 4℃。斯波坎的年温度范围比西雅图大了 11℃。喀斯喀特山脉有效阻断了太平洋的调节作用对斯波坎的影响。

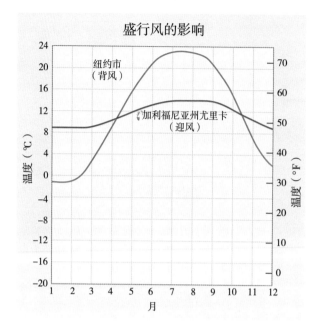

图 1-30　加利福尼亚州尤里卡和纽约市的月平均温度

两座城市都位于同一纬度的沿海区域。由于尤里卡受海上吹来的盛行风的强烈影响，而纽约市则没有，因此尤里卡的年温度范围要小得多。

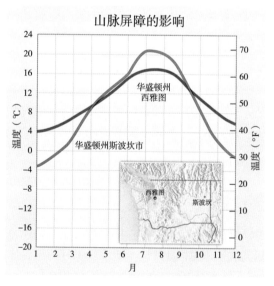

图 1-31　华盛顿州的两个城市西雅图和斯波坎的月平均温度

由于喀斯喀特山脉阻断了太平洋的调节作用对斯波坎的影响，因此斯波坎的年温度范围比西雅图的年温度范围更大。

反照率差异

你可能已经注意到，万里无云的白天往往比多云的白天更暖和，万里无云的夜晚又通常比多云的夜晚更凉爽。这表明云层也是影响大气圈下部的一个因素。卫星图像研究显示，在任一特定时间，地球都有约一半的面积被云层覆盖。云层的重要性就在于许多云具有高反照率。因此，云会将大量照射在云上面的阳光反射回太空（见图 1-19）。通过减少入射太阳辐射的总量，云层就能使白天的温度降低。

在夜晚，云发挥的作用与白天相反。它们就像一张毯子，不仅吸收地表发出的辐射，还会将其中一部分重新辐射回地表。结果，一些原本会流失的热量留在了近地表。因此，在有云的夜晚，温度不会像没有云的时候下降得那么低。云层的作用就是通过降低白天的最高温度、提高夜晚的最低温度来缩小日温度范围的（见图 1-32）。

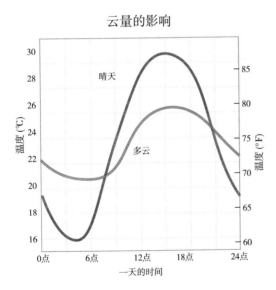

图 1-32　伊利诺伊州皮奥里亚在 7 月份两天的日温度循环

云缩小了日温度范围。白天，云将太阳辐射反射回太空，因此，最高温度低于没有云的情况。夜晚，由于云阻了热量的散失，因此最低温度不会降得太低。

云并不是提高反照率从而降低气温的唯一因素。我们还发现，被雪和冰覆盖的表面也有高反照率。这就是山脉冰川在夏天不会融化，以及在温暖的春天雪仍然存在的一个原因。此外，在冬天，当雪覆盖地面时，晴天的日间最高温度要比没有雪时低，因为本应被大地吸收并用来使空气升温的能量被反射流失了。

现在我们花点时间来研究一下图 1-33 和图 1-34 中的两幅世界等温地图。从赤道附近炽热的颜色到两极附近冰冷的颜色，这两幅图描绘了 1 月和 7 月两个极端月份的海平面温度。温度分布用等温线显示。通过这两幅地图，你可以研究全球温度模式和温度控制因素的影响，尤其是纬度、陆地和海水的分布以及洋流。和其他大多数较大区域的等温地图一样，这两幅图中的温度都已降到了海平面的温度，以消除海拔差异带来的复杂影响。

在这两幅图中，等温线通常是东西走向的，并且从热带到极地温度呈下降趋势。这说明了世界温度分布最基本的要素之一：加热地表及上部大气圈的入射太阳辐射的效力在很大程度上取决于纬度。

此外，由于太阳垂直光线的季节性迁移，温度也存在纬度迁移的情况。按纬度比较两幅图的颜色条带，就能发现这一点。在 1 月的地图上，接近 30℃ 的"热点"位于赤道以南，但是在 7 月它们就移动到了赤道以北。

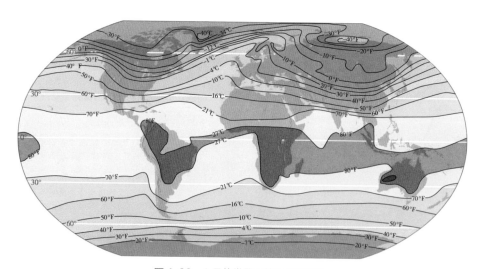

图 1-33　1 月的世界平均海平面温度

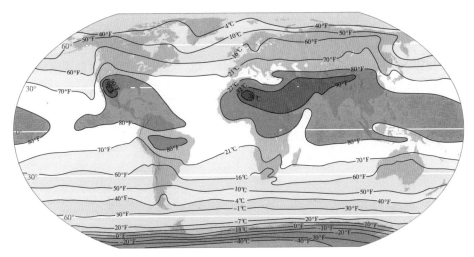

图 1-34 7月的世界平均海平面温度

如果纬度是温度分布的唯一控制因素，那我们的分析到这里就可以结束了，但事实并非如此。陆地和水体的差异升温会造成附加效应，这一点也体现在 1 月和 7 月的温度图中。最高温度和最低温度都出现在陆地上。由于温度在水面的波动不如在地面的波动剧烈，因此等温线在大陆上的季节性南北迁移比在海洋上的季节性南北迁移更明显。

此外，等温线在陆地面积较少、以海洋为主的南半球显然比北半球更直、更稳定。在北半球的大陆上，等温线在 7 月时急剧向北弯曲，在 1 月时又向南弯曲。

等温线还显示了洋流的存在。暖流使等温线向两极偏移，而寒流使等温线向赤道弯曲。水体向极地水平输送热量使上方空气变暖，导致气温高于该纬度的预期值。流向赤道的洋流使温度比预期值低。

由于图 1-33 和图 1-34 显示了两个

> ── 你知道吗? ──
>
> 西伯利亚的一个城市雅库茨克就是高纬度和大陆性对年温度范围影响的典型例子。它位于北纬约 60°，远离水体的影响。因此，雅库茨克的平均年温度范围为 62.2℃，是世界上年温度范围最大的地区之一。

极端季节的温度，因此它们可用于评估各地年气温范围的差异。比较这两张地图不难发现，靠近赤道的观测站的年温度范围非常小。这是因为这种地方的日照长度变化很小，而且它的太阳高度角总是相对较高。然而中纬度地区的观测站的太阳高度角和日照长度变化比较大，因此温差也很大。因此，我们可以说年温度范围会随着纬度升高而增大。

要点回顾
Foundations of Earth Science >>>

- 天气是指特定时间某地的大气状态，而气候是对天气情况的综合描述。

- 由于大气圈通常随着海拔升高而变得稀薄，因此它没有明显的上边界，而是与外太空混合在一起。

- 季节是由各个纬度上太阳光线照射地面的角度变化以及白昼的长度变化所引起的。这种季节性变化是地球绕太阳公转时地轴倾斜的结果。

- 热传递的三种机制：传导，通过分子运动在物质间传递热量；对流，通过物质从一处移动到另一处来传递热量；辐射，通过电磁波传递热量。

- 水蒸气和二氧化碳选择性地吸收地球的长波辐射，导致地球平均温度比正常情况下高，这种现象被称为温室效应。人类因为燃烧化石燃料和砍伐森林，增加了大气圈中二氧化碳的含量，从而导致全球显著变暖。

- 温度控制因素就是指使温度因地区和时间而变化的因素。这些因素包括纬度（地球和太阳的关系）、洋流、陆地和水的差异升温、海拔和地理位置。

Foundations
of Earth Science

02

水汽是如何循环的？

妙趣横生的地球科学课堂

- 水是如何变换状态的？

- 为什么云通常形成于一天最热的时候？

- 为什么每朵云都不一样？

- 雾和云有什么区别？

- "云变成雨"需要满足什么条件？

- 冰雹的大小由什么决定？

在美国路易斯安那州的让·查尔斯岛，居民正眼睁睁地看着他们的家园、文化遗产和赖以生存的河口消失在墨西哥湾。几十年来，破坏性越来越大的风暴、越来越频繁的洪水和不断上升的海平面等许多因素都给该地区造成了巨大的损失。最终，这些环境和人类的影响导致让·查尔斯岛的面积减少了90%以上。岛民成为美国第一批气候难民，他们必须离开曾经开展狩猎、渔业和农业的土地。

在美国住房和城市发展部拨款 4 800 万美元的支持下，一个由地方、州和联邦专业人员组成的团队开展合作，想办法重新安置整个社区的居民，以确保那些未来愿意搬离这里的人有家可归。

人类活动造成的气候变暖导致了海平面上升。据估计，到 2050 年，将有 5 000 万～ 2 亿人面临气候造成的流离失所。陆地真的将被海洋吞噬吗？人类需要做的到底是什么？想要解答这些问题，我们需要从了解地球上的水循环开始。

与氧气和氮气不同，在地球所处的温度和压力条件下，水可以从一种状态变为另一种状态。通过本章内容，你将学习水的独特性质，探究水蒸气、云、雾、雨雪的形成过程，以及水汽的输送是如何影响我们的生活的。

Q1　水是如何变换状态的？

很多人发现，冷冻食品在解冻食用时口感会变干。这是因为，无霜冰箱使相对干燥的空气通过冷冻室，让冰箱壁上的冰升华（从固体变成气体）。在这个过程中，冷冻食品中的水分会被带走，食品自然就变干了。在日常生活中，我们发现水是大气中唯一能以固体、液体和气体这三种形式存在的物质（见图 2-1）。

在全球气候中，水同样是变化的，它可以以气体的形式自由离开海洋，又能以液体或固体的形式重返海洋。所有形式的水都由氢原子和氧原子结合在一起构成水分子，水在不同物态下的主要区别在于水分子的排列方式。

冰、液态水和水蒸气

冰是由动能（由运动产生）较低的水分子组成，并通过分子间相互吸引（氢键）而结合在一起的。这些分子形成一个紧密有序的网络，彼此之间不能自由移动。它们会在固定的位置振动（见图 2-1）。当冰被加热时，分子振荡加快。当分子运动速度足够大时，一些水分子之间的氢键会断裂，冰于是融化成水。

在液体状态时，水分子仍然紧密地聚集在一起，但是移动的速度是以使分子间能够发生彼此滑动。因此，液态水是流体，没有固定的形状，其形状由盛放它的容器决定。

当液态水从环境中获得热量后，一些水分子获得足够的能量，摆脱氢键的吸引力并从表面逃逸，成为水蒸气。与液态水相比，水蒸气分子的间距较大，表现出非常活跃的随机运动（见图 2-1）。

当水蒸气变回液态或者结冰时，这些过程就会逆转。水的状态变化伴随着氢键的形成或断裂。

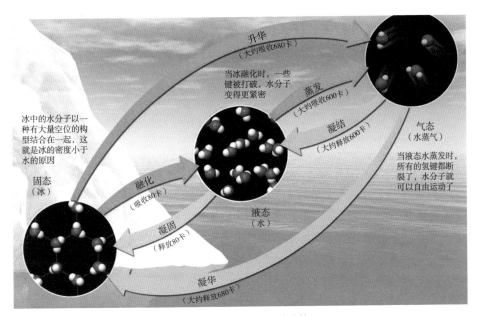

升华
（大约吸收680卡）

当冰融化时，一些键被打破，水分子变得更紧密

蒸发
（大约吸收600卡）

凝结
（大约释放600卡）

气态
（水蒸气）

冰中的水分子以一种有大量空位的构型结合在一起，这就是冰的密度小于水的原因

当液态水蒸发时，所有的氢键都断裂了，水分子就可以自由运动了

固态
（冰）

融化
（吸收80卡）

液态
（水）

凝固
（释放80卡）

凝华
（大约释放680卡）

图 2-1　状态变化涉及热交换

图中的数字表示当 1 克水从一种状态变为另一种状态时吸收或释放的卡路里近似值。

潜热

每当水的状态发生变化时，水就会与周围环境进行热量交换（见图 2-1）。比如，水蒸发时会吸热。当水的状态发生变化时，它的热量变化以卡路里为单位进行衡量。1 卡路里（cal，简称卡）是使 1 克水的温度升高 1℃所需的热量。因此，当 1 克水吸收了 10 卡路里的热量时，分子振动加快，温度也会上升 10℃。热量的国际制单位是焦耳（J，简称焦，1 卡 = 4.186 焦）。

在状态变化过程中，物质可以吸收能量而不发生温度升高。例如，当一杯冰水中的冰融化时，在所有的冰都融化前，冰水混合物的温度始终保持恒定的 0℃。如果增加的能量没有提高冰水的温度，那么这些能量去了哪里呢？在这种情况下，额外的能量用于打破曾经将水分子结合成晶体结构的氢键。

因为用来融化冰的热能不会导致温度变化，所以被称为潜热。（"潜"的意思是"隐藏"，就像隐藏在犯罪现场的指纹一样。）我们可以认为，这种能量储存在液态水中，在液态水重新变为固态的冰时，它又会以热的形式释放到周围环境中。实际上，在制作冰块以抵消冷冻过程中释放的额外能量时，你的冰箱运转得更频繁了。

融化 1 克冰需要 80 卡的融化潜热。凝固过程刚好相反，每克水将向环境中释放 80 卡的凝固潜热。

升华与凝华。在图 2-1 中，你最不熟悉的可能是最后两个过程：升华和凝华。升华是固体不经过液态，直接转化为气体的过程。你可能已经观察到一些例子，如冰箱中未使用的冰块逐渐缩小，干冰（冻结的二氧化碳）迅速转化为云雾，继而快速消失。

凝华。与升华刚好相反，指蒸气不经液态而直接转化为固态的过程。例如，当水蒸气在草地或窗户等固体物体上凝华为冰时，就会发生这种变化（见图 2-2b）。这些凝华的冰被称为白霜，通常简称霜。凝华释放的能量等于凝结和凝固释放的总能量（见图 2-1）。

蒸发与凝结。蒸发过程也会吸收潜热，这是液体转化为气体（蒸气）的过程。水分子在蒸发过程中吸收的能量用于从液体表面逃逸并变成气体。这种能量被称为汽化热。0℃时，1 克水汽化需要大约 600 卡（2 500 焦）。100℃时，1 克水汽化需要大约 540 卡（2 260 焦）。在图 2-1 中可以看到，蒸发 1 克水所消耗的能量要比融化 1 克冰所消耗的能量多得多。在蒸发过程中，移动较快的分子会从表面逃逸。因此，剩余水的平均分子运动速度（温度）降低，因此蒸发是一个冷却过程。毫无疑问，当你湿淋淋地从游泳池或淋浴间走出来时，你肯定体验过这种降温效果。在这种情况下，用来使水分蒸发的能量来自你的皮肤，因此你会感到凉爽。

水蒸气变成液态则是相反的过程，即凝结。在凝结过程中，水蒸气分子释放的能量，即凝结热，其大小相当于水在蒸发过程中吸收的能量。当大气圈发生凝结时，就会形成雾和云等现象（见图 2-2a）。

（a）

（b）

图 2-2　凝结和凝华

图（a），水蒸气的凝结会产生露珠、云和雾等现象。图（b），玻璃窗上的霜就是凝华的例子。

资料来源：图（a），Nature Picture Library/ NaturePL/Superstock；图（b），schankz/Shutterstock。

　　潜热在许多大气过程中起着重要作用。特别是当水蒸气凝结形成云滴时，潜热就会释放出来，使周围的空气变暖，并使其密度变小，具有浮力。当空气中的水分含量较高时，这一过程会促进高耸的风暴云的生长。此外，热带海洋上空的水分蒸发和随后在高纬度地区的凝结，会导致大量的能量从赤道地区转移到更偏向极地的位置。在更小的尺度上，当装满冰的杯子外部发生凝结时，这一过程会加热杯子，最终使冰融化。

　　水会变成水蒸气，水蒸气的含量又决定了空气的湿度（见图 2-3）。虽然水蒸气只占大气的一小部分，体积从 0.1% 到 4% 不等，但是空气中水的重要性远不是这些微小的百分比能体现的，它的重要性不容小觑。

事实上，水蒸气是形成雷暴、龙卷风和飓风的主要能量（潜热）来源。气象学家可以使用多种方法来表示空气中的水蒸气含量，我们来看看其中三种：混合比、相对湿度和露点温度。

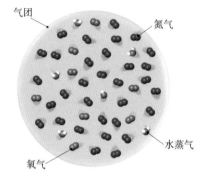

图 2-3　空气中的水蒸气含量的
示意图

饱和

在我们进一步考虑这些湿度测量方法之前，了解饱和的概念是很重要的。想象有一个盛有水的封闭罐子，水上面是干燥的空气，二者的温度相同。随着水开始从水表面蒸发，我们可以检测到上方空气中的压力有少量增加。这种增加是蒸发进入空气中的水蒸气分子运动的结果。在开放的大气中，这种压力被称为蒸气压。蒸气压是指总大气压中水蒸气贡献的分压。

在封闭容器中，随着越来越多的分子从水表面逸出，上方空气中不断增加的蒸气压迫使越来越多的分子返回液体中。最终，返回水表面的蒸气分子数量将与离开水表面的水分子数量平衡。此时，空气是饱和的：它无法再容纳更多水蒸气了。如果我们将容器加热，从而提高水和空气的温度，这时就需要更多的水分蒸发才能达到平衡。因此，在更高的温度下，饱和所需要的水蒸气也更多。不同温度下饱和所需的水蒸气量如表 2-1 所示。

表 2-1　不同温度下使 1 千克
空气饱和所需的水蒸气量

温度（℃）	饱和水蒸气含量（g）
−40	0.1
−30	0.3
−20	0.75
−10	2
0	3.5
5	5
10	7
15	10
20	14
25	20
30	26.5
35	35
40	47

混合比

混合比是指单位空气中的水蒸气质量（克）与剩余干燥空气质量（千克）之比：

$$混合比 = 水蒸气质量（克）/干燥空气质量（千克）$$

表 2-1 列出了不同温度下饱和空气的混合比。例如，在 25℃下，1 千克干空气达到饱和时将包含 20 克水蒸气。

混合比用质量单位表示（通常以克/千克为单位），因此不受压力或温度变化的影响。然而，通过直接采样来测量混合比是一项耗时的工作。因此，气象学家主要采用其他方法来表示空气的含水量，如相对湿度和露点温度。

相对湿度

在用来描述空气中水蒸气含量的术语中，相对湿度是最为人熟知的，但它也是最容易被误解的术语。相对湿度是指空气中实际水蒸气含量与在该温度（和压力）下达到饱和所需的水蒸气含量之比。因此，相对湿度表示空气接近饱和的程度，而不是空气中实际的水蒸气含量。

为了说明这一点，我们从表 2-1 中可以看出，在 25℃下，当 1 千克干空气包含 20 克水蒸气时，空气就达到饱和。因此，若温度为 25℃，且 1 千克干空气含 10 克水蒸气，那么相对湿度就为 10/20，或 50%。如果温度为 25℃，且 1 千克干空气含 20 克水蒸气，则相对湿度就是 20/20，或 100%。当相对湿度达到 100% 时，空气就达到饱和了。

由于相对湿度取决于空气中的水蒸气含量以及饱和所需的水蒸气含量，因此它的变化受两种方式影响。首先，通过增加或减少水蒸气可以改变相对湿度。其次，因为饱和所需的水蒸气含量是空气温度的函数，所以相对湿度也随温度变化。

湿度变化如何影响相对湿度。在自然界中，水分主要是通过海洋的蒸发而进入空气的。然而，植物、土壤和较小的水域也做出了不小的贡献。

仔细看图 2-4，你会发现当向空气中添加水蒸气时，空气的相对湿度会增加，直到饱和为止（相对湿度为 100%）。如果继续向已达到饱和状态的空气中加入更多水蒸气会怎样呢？相对湿度是否会超过 100%？在低层大气中，这种情况通常不会发生。实际上，此时过量的水蒸气会凝结形成液态水。相对湿度超过100% 的过饱和现象通常发生在对流层中上层，本章后面将对此进行讨论。

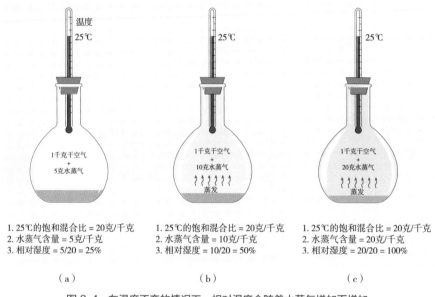

图 2-4　在温度不变的情况下，相对湿度会随着水蒸气增加而增加

图（a），初始情况：5 克水蒸气。图（b），增加 5 克水蒸气，水蒸气含量 =10 克。图（c），增加 10 克水蒸气，水蒸气含量 =20 克。在 25℃时空气的饱和混合比为 20 克 / 千克（见表 2-1）。随着烧瓶中水蒸气含量增加，相对湿度会从图（a）中的 25% 上升到图 C 中的 100%。

你在洗热水澡的时候可能会遇到过饱和状态。水是由能量很高的（热的）分子组成的，这意味着它们蒸发的速率很大。只要你开着淋浴器，蒸发的过程就会不断向浴室的不饱和空气中释放水蒸气。如果打开热水的时间足够长，空气最终会达到饱和水平，并且变得雾蒙蒙的。

温度变化如何影响相对湿度

　　温度也会影响相对湿度。在图 2-5a 中，当温度为 25℃时，1 千克干空气含 10 克水蒸气，其相对湿度为 50%。当图 2-5a 中的烧瓶从 25℃冷却到 15℃时，如图 2-5b 所示，相对湿度从 50% 增至 100%。我们可以得出结论，当水蒸气含量保持恒定时，温度降低会导致相对湿度增加。回到淋浴的例子，当空气饱和时，浴室变得雾蒙蒙的，但镜子变得雾蒙蒙的速度比浴室其他位置更快。这是因为镜子比房间里的潮湿空气温度更低，附近的空气经过充分冷却，直接在镜子上凝结。

1. 25℃的饱和混合比 = 20克/千克
2. 水蒸气含量 = 10克
3. 相对湿度 = 10/20 = 50%

（a）初始情况：25℃

1. 15℃的饱和混合比 = 10克/千克
2. 水蒸气含量 =10克
3. 相对湿度 = 10/10 = 100%

（b）冷却至15℃

1. 5℃的饱和混合比 = 5克/千克
2. 水蒸气含量 = 5克
3. 相对湿度 = 5/5 = 100%

（c）冷却至5℃

图 2-5　相对湿度随温度变化

当水蒸气含量（混合比）恒定时，空气温度的升高或降低都会导致相对湿度的变化。在这个例子中，当烧瓶中的气温从图 A 中的 25℃降低到图 B 中的 15℃时，相对湿度从 50% 增至 100%。从图 B 中的 15℃进一步冷却到图 C 中的 5℃会导致一半的水蒸气凝结。在自然界中，空气冷却至低于其饱和混合比，通常会导致云、露或雾形式的凝结。在不同温度下空气的饱和混和比参见表 2-1。

　　但我们不能说冷却过程会使空气达到饱和的趋势停止。当空气冷却到饱和温度以下时会发生什么呢？图 2-5C 说明了这种情况。从表 2-1 中可以看到，当烧瓶冷却到5℃时，1千克空气含有 5 克水蒸气时，空气保持饱和水平。因为这个烧瓶最初含有 10 克水蒸气，所以有 5 克水蒸气会凝结成水滴聚集在容器壁上。与此同时，瓶内空气的相对湿度保持在100%。

这就引出了一个重要的概念：当高空的空气冷却到饱和温度以下时，一部分水蒸气会凝结成云。由于云是由液滴（或冰晶）构成的，它们不再是空气中水蒸气含量的一部分。

相反，温度的升高将导致相对湿度的降低。我们可以将温度对相对湿度的影响总结如下：当空气的水蒸气含量保持在一定水平时，空气温度的降低会导致相对湿度的增加，温度的升高导致相对湿度的降低。图 2-6 说明了在普通的一天中温度和相对湿度的变化，以及前面描述的关系。

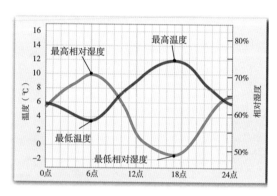

图 2-6　华盛顿特区在春天时温度和相对湿度的典型日变化

露点温度

露点温度，简称露点，是指水蒸气开始凝结的温度。"露点"一词源于这样一个事实：在夜间，靠近地面的物体通常会冷却到露点温度以下，并被露水覆盖。你肯定在潮湿的夏日看到过冷饮外壁形成的"露水"（见图 2-7）。在近地表，当空气冷却到露点温度以下时，如果露点温度高于冰点（0℃），就会产生露水或雾。而当露点温度低于冰点时，就会结霜。

露点温度也可以被定义为空气达到饱和状态的温度，因此，直接与该空气的实际含水量有关。记住，饱和蒸气压与温度有关。事实上，温度每升高10℃，空气达到饱和状态所需的水蒸气量大约会增加 1 倍。因此，0℃的饱和空气水蒸气含量大约是温度为 10℃的饱和空气的一半，温度为 20℃的饱和空气的 1/4。因为露点温度是空气达到饱和状态的温度，所以我们可以得出这样的结论：高露点温度表明空气潮湿，低露点温度表明空气干燥（见表 2-2）。

图 2-7　凝结和露点温度

当冷饮杯将周围的空气层冷却到露点温度以下时，就会发生凝结或形成露珠。

资料来源：Nitr/Shutterstock。

表 2-2　露点温度阈值

露点温度	阈值
≤ -12℃	显著的降雪将受到抑制
≥ 12.7℃	强烈雷暴形成的最小值
≥ 18.3℃	大多数人认为潮湿的温度
≥ 21℃	典型的热带多雨气候
≥ 24℃	大部分人感到胸闷的温度

更准确地说，我们可以认为露点温度每升高 10℃，空气中水蒸气的含量就会增加大约 1 倍。因此，我们知道，当露点温度为 25℃时，空气中水蒸气的含量大约是露点温度为 15℃时的 2 倍，是露点温度为 5℃时的 4 倍。

由于露点温度可以很好地衡量空气中水蒸气的含量，因此它经常出现在各种天气图上。当露点温度超过 18℃时，大部分人会感觉到空气是潮湿的，露点温度为 24℃或更高时，空气会令人感到闷热。美国东南部的露点温度都高于 18℃。还要注意的是，虽然美国东南部主要是潮湿天气，但其余大部分地区的空气都比较干燥。

如何测量湿度

我们通常使用湿度计测量空气中的水蒸气含量。

　　干湿球湿度计。有一种湿度计被称为干湿球湿度计（如果与一个旋转把手相连则为手摇湿度计），由两个并排安装的相同温度计组成（见图 2-8a）。其中的干球温度计用于测量当前的空气温度，湿球温度计的末端则包裹着纱布。使用干湿球湿度计时，纱布要浸水，然后摆动它，或者用电风扇让空气通过温度计，总之要让持续不断的气流通过纱布（见图 2-8b 和图 2-8c）。结果，水从纱布蒸发，蒸发水所吸收的热量使湿球的温度下降。冷却程度与空气的干燥程度成正比：空气越干燥，蒸发的水分就越多。蒸发的水吸收的热量越多，冷却程度就越大。因此，干湿球温度计读数之差越大，相对湿度越低。如果空气饱和，则不会发生蒸发，两个温度计的读数将相同。使用干湿球湿度计可以很容易地确定相对湿度和露点温度。

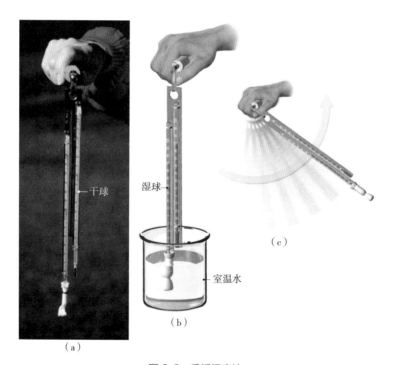

图 2-8　手摇湿度计

图（a），手摇湿度计由一个干球温度计和一个湿球温度计组成。干球温度计会显示当前的温度。图（b），湿球温度计的末尾裹着一块浸在水里的纱布。图（c），当仪器旋转时，蒸发冷却使湿球温度下降，然后记录温度。冷却量与空气的干燥度成正比。

电子湿度计。现在，各种各样的电子湿度计被广泛用于测量湿度。由美国国家气象局运行的自动气象观测系统就使用了电子湿度计，该湿度计的原理与材料的电容有关，电容是指物质储存电荷的能力。电子湿度计的传感器由一层薄薄的吸湿（吸水）薄膜组成，薄膜与电源相连。当薄膜吸收或释放水时，传感器电容的变化速率与周围空气的相对湿度成正比。因此，可以通过监测薄膜电容的变化来测量相对湿度。电容越大，相对湿度越大。

Q2 为什么云通常形成于一天最热的时候?

你是否曾用打气筒给自行车轮胎打气，并注意到打气筒变得很热？当你用能量压缩空气时，气体分子的运动就会增加，空气的温度就会上升。相反，如果你让空气从自行车轮胎中逸出，空气就会膨胀。气体分子运动速度变慢，空气就会冷却。用打气筒打气的过程就是云生成的可视化过程。

回想一下，当空气中有足够多的水蒸气进入时，或者更常见的是，当空气冷却到露点温度时，就会发生凝结。凝结可产生露珠、雾或云。地表附近的热量很容易在地面和上方的空气之间交换。由于傍晚地面热量流失（辐射冷却），草地上可能会出现凝结的露珠，而地面上方可能会形成雾。因此，日落后发生的地表降温会导致凝结发生。然而，云的形成通常发生在一天中最热的时候。显然，肯定是其他机制在高空发挥作用，使空气充分冷却以产生云。

在刚才所描述的给轮胎打气的温度变化过程中，热量既不会增加也不会减少，被称为绝热温度变化。也就是说，温度的变化是由压力的变化而不是热量的变化引起的。当空气被压缩时，它会变热，当空气膨胀时，它会变冷。

绝热冷却和凝结

为了方便理解绝热冷却，我们可以想象有一团被封闭在类似气球状的弹性空间中的空气。气象学家称这种想象的空气团为气团。我们通常认为一个气团的体积是几百立方米，并假设它的行为不受周围空气的影响。此外，我们还假设气团是绝热的，即没有热量输入或输出。尽管这些假设是高度理想化的，但在较短的时间跨度内，气团的行为方式与在大气中垂直运动的实际空气团非常相似。

在自然界中，有时周围的空气会渗入上升或下降的空气柱，这个过程被称为挟带。不过在接下来的讨论中，我们假设不会发生这种类型的混合。

干绝热直减率。大气压会随着高度上升而减小。因此，每当气团向上运动时，它会穿过压力依次降低的区域。这样一来，这一上升的气团就会发生膨胀，并经历绝热冷却。不饱和空气以每上升 1 千米冷却 10℃的恒定速率发生冷却。相反，下降的空气会因受到越来越高的压力而压缩，每下降 1 千米就会升温 10℃。这种温度变化率只适用于不饱和空气，被称为干绝热直减率（"干"是因为空气是不饱和的）。

湿绝热直减率。如果气团上升到足够高的高度，它的温度最终会降到露点温度，开始凝结过程。一个气团达到饱和并开始形成云时的高度被称为抬升凝结高度，或简称凝结高度。在抬升凝结高度，一个重要的变化发生了：水蒸气蒸发时吸收的潜热作为显热释放出来，当凝结发生时，温度计可以测量显热。尽管气团将继续绝热冷却，但潜热的释放减缓了冷却的速度。换句话说，当一团空气上升到抬升凝结高度以上时，它冷却的速率就会降低。这种较慢的冷却速率被称为湿绝热直减率（通常也被称为饱和绝热直减率）。

潜热释放量取决于空气中所含的水分（含量通常为 0% ～ 4%）。因此，湿绝热直减率从湿度较大空气的每千米温度降低 5℃，到湿度较小空气的每千米温度降低 9℃不等。图 2-9 说明了绝热冷却在云形成中的作用。

总而言之，上升的空气以干绝热直减率从地表开始冷却，直到达到抬升凝结高度，在这一高度以上，空气以较慢的湿绝热直减率冷却。

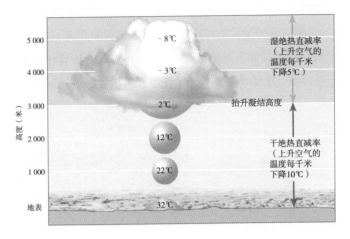

图 2-9　干绝热直减率和湿绝热直减率

上升的空气以相对恒定的干绝热直减率（每千米 10℃）冷却，直到空气到达露点温度并开始凝结（形成云）。随着空气继续上升，凝结释放的潜热降低了冷却的速度。因为潜热的释放量取决于上升空气中的水分含量，在潮湿空气中，湿绝热直减率为每千米约 5℃，在干燥空气中，湿绝热直减率为每千米 9℃。

导致空气抬升的四种机制

尽管空气通常不倾向于沿垂直方向运动（近地表的空气"想"停留在地表附近），但有几个机制会导致空气上升并触发云的形成。这些机制包括地形抬升、锋面抬升、辐合（convergence）和局部对流抬升。

地形抬升

高山等高地地形阻碍着气流的水平流动，就会发生地形抬升（见图 2-10）。当空气上升到山坡上时，绝热冷却通常会产生云和大量降水。事实上，世界上许多雨水最多的地方都位于迎风坡上。

当空气到达山的背风侧时，大部分水分已经流失了。如果空气下降，便会发生绝热升温，使得凝结和降水的可能性更小了，结果可能形成一个雨影沙漠，如图 2-10 所示。美国西部的大盆地沙漠离太平洋只有几百千米，但来自海洋的水汽却被气势恢宏的内华达山脉有效地阻隔了（见图 2-10）。同样位于背风坡的沙漠，还有蒙古的戈壁沙漠、中国的塔克拉玛干沙漠和阿根廷的巴塔哥尼亚沙漠。

图 2-10　地形抬升与降水

图（a），地形抬升导致在地形屏障上形成降水，如山的迎风坡。图（b），当空气到达山的背风坡时，大部分的水汽已经消失，形成雨影沙漠。大盆地沙漠是一种雨影沙漠，它覆盖了几乎整个内华达州和邻近州的部分地区。

资料来源：图（a），Dean Pennala/Shutterstock；图（b），Dennis Tasa。

锋面抬升

如果地形抬升是迫使空气上升的唯一机制，那么北美相对平坦的中部地区将是一片广阔的沙漠，而不是国家的粮仓。幸好，实际情况并非如此。

在北美洲中部，大量的冷暖空气相撞，形成锋面。在这里，密度较大的冷空气变成了一道屏障,使密度较小的暖空气上升到屏障之上,而不是与之混合。此过程被称为锋面抬升,也被称为锋面楔入 (frontal wedging),如图 2-11 所示。

图 2-11 锋面抬升

较冷、较稠密的空气就像一道屏障,而较热、较稀薄的空气则在此向上抬升。

值得注意的是,产生天气的锋面与被称为中纬度气旋的风暴系统有关。这些风暴造成了中纬度地区高比例的降水,后文将详细介绍这部分内容。

辐合

当近地表的风发展成进入的空气比离开的空气多时,就会出现"辐合—抬升"现象(见图 2-12)。辐合是一种抬升机制,通常与大型低压中心有关,主要是中纬度气旋和飓风等低压中心。在这些系统内,近地面向内流动的空气通过空气上升、云的形成和降水达到平衡。

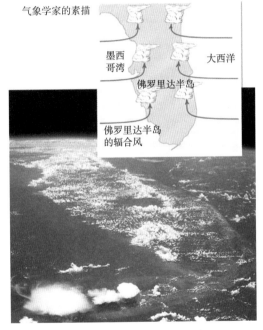

图 2-12 佛罗里达半岛上的辐合风

当地面空气辐合时,它们会被迫上升。佛罗里达州就是一个很好的例子。在温暖的日子里,从大西洋和墨西哥湾流向佛罗里达半岛的气流会在午后产生许多雷暴。

资料来源:NASA。

当有障碍物减缓或限制了水平气流（风）的流动时，也会发生辐合。例如，当空气从相对平滑的表面（如海洋）移动到不规则的地形上时，其速度会降低。结果就会导致空气堆积（辐合）。当空气汇聚时，空气分子并不是像人们进入一个拥挤的建筑时那样简单地挤在一起，而是向上流动。

佛罗里达半岛就是一个很好的例子，它说明了辐合在云层形成和降水中发挥的作用（见图 2-12）。在温暖的日子里，气流从海洋流向佛罗里达两岸的陆地。这将导致海岸地区的空气堆积和半岛上空的普遍辐合。这种空气运动的模式和由此产生的抬升得益于太阳对陆地的高强度加热。因此，佛罗里达半岛是美国午后雷暴最频繁发生的区域。

> **你知道吗？**
>
> 世界上降水最多的地方很多都位于迎风坡上。夏威夷怀厄莱阿莱山的一所气象站记录了最高平均降水量纪录，约为 1 234 厘米。1860 年 8 月至 1861 年 7 月印度的乞拉朋齐的降水量达到了惊人的 2 647 厘米，创下了年降水量纪录。这些降水主要发生在 7 月份，7 月份降水量为 930 厘米。这是芝加哥年均降水量的 10 倍。

局部对流抬升

在炎热的夏天，地表的不均匀加热可能会导致某些区域的空气比周围的空气温度更高（见图 2-13）。例如，无庄稼的农田上方的空气比周围有庄稼的农田上方的空气更暖和。因此，比周围空气更热（密度更小）的区域，其上方的空气将向上浮起。这些上升的温暖气团被称为热气流。像鹰这样的鸟可以利用热气流把自己带到很高的高空，从那里它们可以俯瞰到毫无防备的猎物。人类也已经学会了利用这些上升的热气流让滑翔伞"飞"起来。

产生上升热气流的现象称为局部对流抬升。当这些温暖的气团上升到抬升凝结高度以上时，就会形成云，并可能在午后导致阵雨。以这种方式产生的云的高度在某种程度上是有限的，因为仅仅由表面不均匀受热产生的浮力的作用范围最多只有大气圈最低处的几千米区域。同样，随之而来的降水虽然偶尔会下得很大,但持续时间短且较为分散。

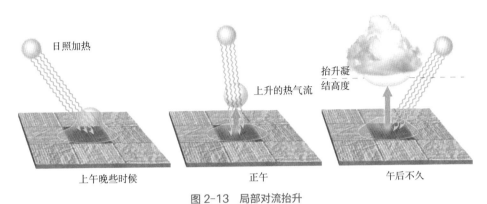

图 2-13 局部对流抬升

地表的不均匀加热导致某些区域的空气比周围的空气更热。这些具有浮力的热空气(热气流)会上升,如果达到凝结高度,就会形成云。

Q3 为什么每朵云都不一样?

　　为什么云的大小和形状差异如此之大,以及由此产生的降水量差异如此之大? 答案与空气的稳定性密切相关。当稳定的空气被迫上升时,通常会形成较薄的、分布广泛的云层,由此产生的降水一般是轻到中度。相反,当不稳定的空气上升时,就会形成高耸的云层,这种情况经常会导致雷暴,有时甚至是龙卷风。

　　回想一下,我们认为当气团被迫上升时,它的温度就会因膨胀而降低(绝热冷却)。通过比较气团与周围空气的温度,我们可以确定气团的稳定性。如果气团的温度低于周围环境的温度,那么它的密度会更大,如果它可以自由移动,那么它就会下沉到最初的位置。这种类型的空气称为稳定空气,可以抵抗垂直运动。

　　但是,如果我们想象中的上升气团比周围的空气更暖和,也因此密度更低,它将继续上升到与周围温度相等的高度。这种空气被归为不稳定空气。这正是热气球的工作原理，只要它比周围的空气温度更高、密度更低，它就会持续上升（见图 2-14）。

稳定性的类型

稳定性是空气的一种特性，用来描述空气能否抵抗被迫上升（稳定的）或自发上升（不稳定的）。为了确定一个气团的稳定性，我们首先需要知道气团上方大气的温度是如何随高度变化的。前文介绍过，这一结果可由无线电探空仪和飞机的观测结果确定，被称为环境直减率。要注意的是，不要将其与绝热温度变化相混淆，绝热温度变化是指气团由于膨胀或压缩而上升或下降而引起的温度变化。

图 2-14　热空气上升

只要比周围的温度高，空气就会上升。热气球正是因此才会在大气中上升。

资料来源：Steve Vidler/Alamy Stock Photo。

为了说明这一点，我们考察了环境直减率为 5℃ / 千米的情况（见图 2-15）。在这种情况下，当地表的空气温度为 25℃时，1 千米处的空气温度将降低 5℃，为 20℃，2 千米处的空气温度将为 15℃，以此类推。乍一看，地表的空气密度比 1 千米处的空气密度要低，因为温度高 5℃。但是，如果地表的空气不饱和，上升到 1 千米处，那么它将膨胀并以 10℃ / 千米的干绝热直减率冷却。因此，地表的空气气团到达 1 千米处时，它的温度将下降 10℃，比周围环境的温度还要低 5℃，因此它的密度将更大，并且往往会下沉到最初的位置。所以，我们说地表附近的空气可能比高空的空气温度低，因此不会自行上升。这里描述的空气是稳定的，可以抵抗垂直运动。

绝对稳定性。如果进行定量描述，那么当环境直减率小于湿绝热直减率时，绝对稳定性起主导作用。图 2-16 描述了这种情况，其中环境直减率为 5℃ / 千米，湿绝热直减率为6℃/千米。请注意,在1千米处,上升气团的温度比周围空气低5℃,因此是密度较大的空气。即使这种稳定的空气被抬升到凝结高度以上,它也会保持比周围环境更冷、密度更大的状态,因此往往会返回地表。

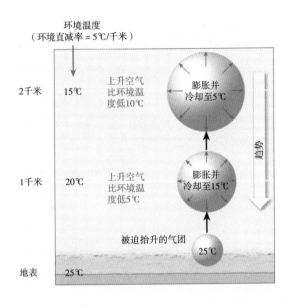

图2-15 确定空气稳定性的方法

当不饱和气团被迫上升时,它会发生膨胀,并以10℃/千米的干绝热直减率冷却。在本例中,上升空气团的温度低于周围环境的温度。因此,气团比周围的空气更重,它们就有可能下沉到原来的位置。这种类型的空气被称为稳定空气。

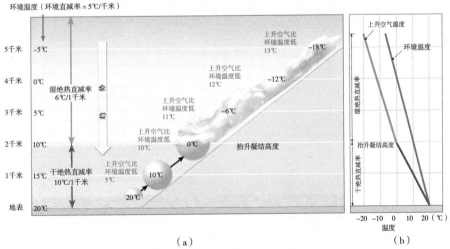

(a)　　　　　　　　　　　(b)

图2-16 绝对稳定性产生的大气条件

当环境直减率小于湿绝热直减率时,绝对稳定性起主导作用。图(a),上升的空气总是比周围的空气更冷、更重,从而产生稳定性。图(b),图(a)中所示条件的图示。

　　尽管气团倾向于停留在地表附近，但稳定的空气也可以被迫抬升，最常见的是通过锋面抬升。如果稳定的空气被迫升到抬升凝结高度以上，就会产生大面积平坦的云，并且有可能产生轻度到中度降水，这取决于空气的水分含量。当稳定的空气被迫抬升时，就很可能出现阴天和小阵雨。

　　绝对不稳定性。当环境直减率大于干绝热直减率时，就会出现另一个极端，即绝对不稳定性。上升的气团总是比周围的环境更温暖，所以会由于自身的浮力而继续上升（见图 2-17）。绝对不稳定性通常出现在最热的月份和天气晴朗时，这时阳光强烈。在这些情况下，最下层大气的温度比高空中大气的温度高出许多。此时，环境直减率变大，换句话说，环境温度随高度上升而迅速下降，还导致了不稳定大气的形成。靠近地表的空气的对流抬升产生了高耸的云层，增大了午后雷暴出现的可能性。这类雷暴往往在日落后消散。

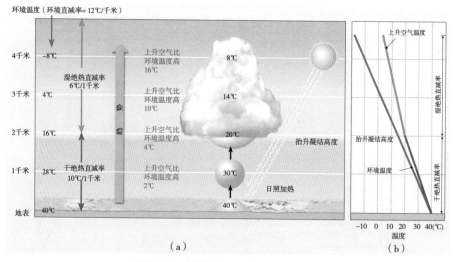

图 2-17　产生绝对不稳定性的大气条件

图（a），当阳光照射导致最下层大气的温度比高空中的大气温度高出许多时，就会产生绝对不稳定性。其结果会造成环境直减率变化曲线陡峭，使大气不稳定。图（b），图（a）的图形化表示。

　　条件不稳定性。一种更常见的大气不稳定性叫作条件不稳定性。当湿空气的环境直减率介于干绝热直减率和湿绝热率直减之间时，即 5℃ / 千米 ～ 10℃ / 千米，就会出现这种情况。简而言之，如果大气对一个不饱和的气团来说是稳定的，而对一个饱和的气团来说是不稳定的，我们就称大气是条件不稳定的。

在图 2-18 中，在大约 2 500 米处，上升的气团比周围的空气温度更低。由于气团在抬升凝结高度之上时，其中的水蒸气会释放潜热，气团变得比周围的空气更热。从这个位置开始，气团将由于自身的浮力而继续上升，而无需外力作用。请记住，条件不稳定的空气只能被迫上升，之后才能自己上升。空气由于自身浮力而能自行上升的高度被称为自由对流高度（LFC）。条件不稳定通常是夏季的一种与温暖潮湿空气有关的现象。当条件不稳定的空气上升到抬升凝结高度以上时，通常会形成激烈的雷暴。

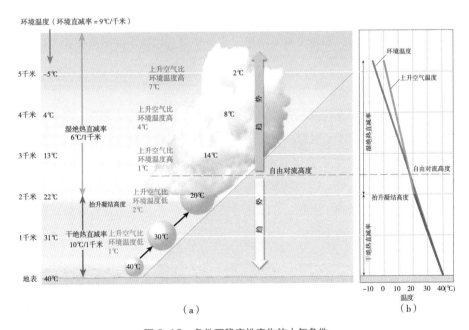

图 2-18 条件不稳定性产生的大气条件

图（a），当暖空气被迫沿锋面边界上升时，可能会形成条件不稳定性。注意，9℃ / 千米的环境直减率介于干绝热直减率和湿绝热直减率之间。在大约 3 000 米的高度以下，气团比周围的空气冷，往往会下沉到地表（稳定）。然而，在这一高度之上，气团如果比周围的环境更温暖，由于自身存在浮力，气团会上升（不稳定）。因此，当条件不稳定的空气被迫上升时，可能会形成高耸的积云。图（b），图（a）的图形化表示。

云的形成

云由悬浮在地面上方的数十亿个微小水滴或冰晶组成。云变化万千，在天空中非常引人注目。除此之外，云一直是气象学家的兴趣所在，因为它们提供了大气状况的视觉指示。为了凝结形成云，空气必须达到饱和，而且必须有一个表面以使水蒸气能够附着并凝结成液滴。

凝结核的作用

凝结的条件是必须有一个能使水蒸气凝结的表面。地面或接近地面的物体，如草叶，就是这样的表面。当凝结发生在高空中时，被称为云凝结核的微小粒子就起到了这个作用。如果没有凝结核，相对湿度要远远超过 100% 才能形成云滴。在极低的温度下，即使没有凝结核，水分子也会以微小的团簇形式"黏合在一起"。

沙尘暴、火山爆发的微粒和植物的花粉是云凝结核的主要来源。在高空凝结过程中，最有效的粒子是吸湿核。饼干和谷物等常见食品就具有吸湿性：当暴露在潮湿的空气中时，它们会吸收水分，很快就会变潮。在海洋上，当海雾蒸发时，海盐颗粒进入大气。因为盐具有吸湿性，当相对湿度不足 100% 时，海盐颗粒周围就可以形成水滴。因此，在海盐等吸湿粒子上形成的云滴通常要比在大多数其他核上形成的云滴大得多。

由于云凝结核具有程度不同的亲水性，因此不同大小的云滴经常共存于同一朵云中，这是形成降水的重要因素。

云的分类

1803 年，英国博物学家卢克·霍华德（Luke Howard）发表了一份云的分类方案，这是今天的分类系统的基础。霍华德对云的分类基于以下两个标准：形状和高度（见图 2-19）。我们先来看云的基本形式或形状，然后再看云的高度。

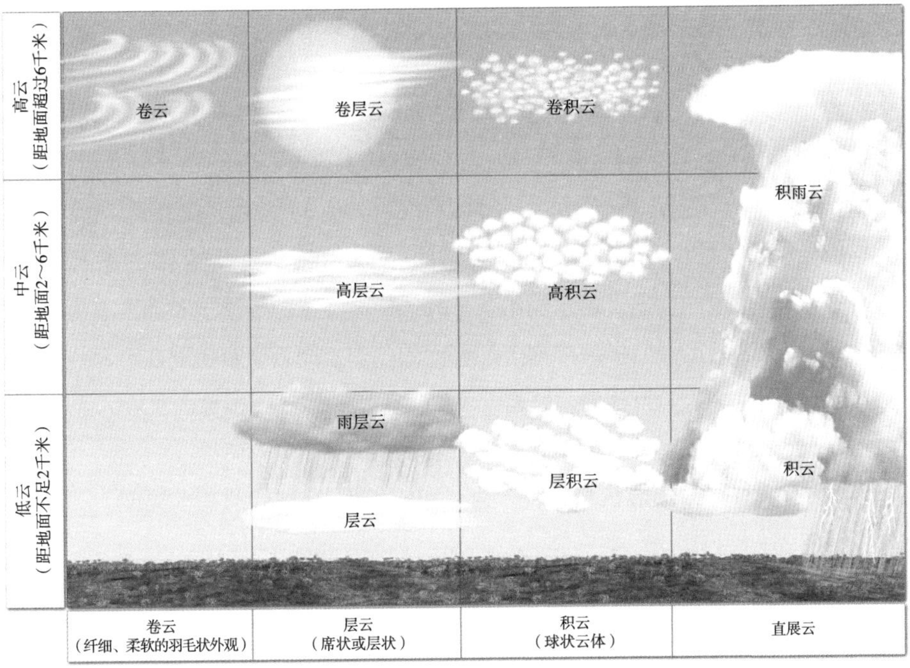

高云（距地面超过6千米）	卷云	卷层云	卷积云
			积雨云
中云（距地面2~6千米）	高层云	高积云	
低云（距地面不足2千米）	雨层云	层积云	积云
	层云		
	卷云（纤细、柔软的羽毛状外观）	层云（席状或层状）	积云（球状云体） 直展云

图 2-19　基于高度和形式的云的分类

云的形状。 云层是根据我们从地表观察到的样子进行分类的。它的基本形状有三种：

· 卷云高度很高，白且薄。有的卷云是斑块状的，有的是纤细的纱状薄片，通常具有羽毛状外观。

· 层云指覆盖大部分或全部天空的片状或层状云。

· 积云由球状云团组成，通常看起来像棉花。它们的底部通常较为平坦，外观像隆起的穹顶或塔楼。积云通常形成于具有对流和上升空气的大气圈中。

所有其他类型的云都至少含有这三种基本形状中的一种。比如，层积云大多是由长而平行的卷状或破碎的球状斑块组成的片状结构。此外，雨云是指主要产生降水的云。因此，雨层云是指平铺的雨云，而积雨云则指蓬松、高耸的雨云。

云的高度。我们还可以根据高度将云分成三类：高云、中云、低云（见图 2-19）。高云形成于对流层中最高和最冷的地区，其底部距离地面的高度通常为 6 千米以上。在这些海拔高度处，温度通常低于冰点，所以高云通常由冰晶或过冷水滴组成。中云距离地面的高度为 2 ～ 6 千米，可能由水滴组成，也可能由冰晶组成，这取决于一年中的时间和大气的温度分布。低云是在距离地面不足 2 千米的高度处形成的，通常由水滴组成。具体的高度可能因季节和纬度有所不同。例如，在高纬度地区（向极地方向）和寒冷的冬季，高云通常出现在低海拔地区。除此之外，还有些云向上延伸，跨越几个高度范围，这种云被称为直展云。

气象学家根据云的形状和高度，命名和描述了 10 种云的基本类型。

高云。高云家族（距地面超过 6 千米）由三种云组成：卷云、卷层云和卷积云。卷云很薄很细，有时看起来像钩状细丝，也叫"马尾云"（见图 2-20a）。顾名思义，卷积云是由蓬松的云团组成的（见图 2-20b），而卷层云是平坦的云层（见图 2-20c）。由于高海拔地区气温低、水蒸气含量少，因此所有高云都薄而白，并且由冰晶组成。此外，这些云不会产生降水。但是，如果卷云之后跟着的是卷积云，并且覆盖的天空范围变大时，预示着暴风雨天气可能即将来临。

中云。中云出现在中等高度（距地面 2 ～ 6 千米）。高积云由球状云团组成，与卷积云的区别在于，高积云更大更稠密（见图 2-20d）。高层云形如一个均匀的白色至灰色的薄层，铺在天空中，使我们看到的太阳或月亮变成了一个亮点（见图 2-20e）。高层云可能偶尔伴随着小雪或小雨。

低云。低云族包括三种云（距地面高度低于 2 千米）：层云、层积云和雨层云。层云是一层均匀的雾状云层，经常出现在大部分天空中。层云有时可能会产生少量降水。当层云的底部变为扇形，看起来像是平行的长卷或破碎的球状云块时，这样的云被称为层积云。

（a）卷云　　　　　　　（b）卷积云

（c）卷层云　　　（d）高积云　　　（e）高层云

（f）雨层云　　　（g）积云　　　（h）积雨云

图 2-20　不同类型的云的常见形式

资料来源：图（c），Jung-Pang Wu/ Moment/Getty Images。

雨层云（nimbostratus clouds）的名字源自拉丁语 nimbus 和 stratus，前者的意思是"雨云"，后者的意思是"覆盖一层"（见图 2-20f）。雨层云会产生持续降水，导致能见度较低。雨层云通常形成于稳定条件下，比如空气沿着锋面被迫抬升时。这种被迫抬升的稳定空气会形成广泛分布的层状云，它们可能生长进入对流层的中层。雨层云产生的降水通常为轻度到中度降水（但也可能是强降水），持续时间长，覆盖范围大。

直展云。有些云不在上述三个高度类别之内。这种云的底部距离地面较近，但通常会向上延伸到中高海拔区域。因此，这类云被称为直展云。它们彼此相连，且与不稳定的空气有关。最常见的类型是积云，它是一团一团的云，在垂直方向上呈现穹顶状或塔状，其顶部类似于花椰菜的顶部（见图 2-20g）。积云通常在晴天形成，此时地表的不均匀加热会导致空气对流上升，超过上升凝结高度。由于小积云（淡积云）在晴天形成，并且通常不会产生大量降水，所以常被称为"好天气云"。然而，当空气不稳定时，积云的高度会急剧增加。一旦向上运动被触发，加速度会非常大，积云会形成在垂直方向上大范围延伸的云，最终会形成高耸的云，我们将其称作积雨云。积雨云通常会产生阵雨或雷暴（见图 2-20h）。

Q4　雾和云有什么区别？

在寒冷的天气里，当你"看到自己的呼吸"时，你实际上是在制造蒸汽雾。你呼出的潮湿空气使一小部分冷空气达到饱和，从而形成微小的水滴。与大多数其他蒸汽雾一样，当"雾"与周围的不饱和空气混合时，水滴会迅速蒸发。

雾是指底部位于或非常接近地表的云。雾和云之间没有物理性质上的差异；它们的外观和结构是相同的。它们的本质区别在于形成的位置。在雾很浓的情况下，能见度可能会降低到几十米以下。这会给任何方式的出行带来困难和危险（见图 2-21）。官方气象站在能见度降低到小于等于 1 千米时才会报道有雾。

图 2-21 辐射雾

图（a），2002 年 11 月 20 日，加利福尼亚州圣华金河谷中浓雾的卫星图像。晴朗
凉爽的夜晚发生的辐射冷却制造了这场在清晨出现的大雾。这场大雾造成了该地区
的几起事故，其中包括 14 辆汽车连环相撞。图（b），辐射雾会使早间通勤变得危险。
资料来源：图（a），NASA；图（b），Tim Gainey/ Alamy Stock Photo。

冷却雾

地表的空气冷却到露点温度以下时，会凝结形成雾，根据主导条件的不同，
会形成三种雾，分别是辐射雾、平流雾和上坡雾。

辐射雾。顾名思义，辐射雾就是地表和地表周围的空气发生辐射冷却时形成
的雾。这是一种出现在夜间的现象，形成条件包括晴朗的天空、较高的相对湿度
和相对较轻柔的风。在晴朗的天空下，地表和地表上方的空气迅速冷却。由于相
对湿度高，轻度冷却就可以使温度降低到露点温度，从而产生一层雾。

含有雾的空气相对较冷、密度较大，在丘陵地带会向下流动。因此，山谷

中的辐射雾最浓，而周围的山体仍然清晰可见（见图 2-21）。辐射雾通常在日出后 1～3 小时消失，这种现象常被称为"消散"。但实际上雾并没有"消散"。相反，当太阳加热地面时，最下层的空气首先被加热，导致雾从底部向上蒸发。

平流雾。当温暖潮湿的空气在温度较低的表面上移动时，它会因与下面的寒冷表面接触而发生冷却。如果冷却足够充分，就会形成一层雾。这种雾被称作平流雾（"平流"一词指空气的水平流动）。旧金山金门大桥附近经常出现的平流雾就是典型的代表（见图 2-22）。出现在旧金山、加利福尼亚州以及西海岸其他地区的雾，都是来自太平洋的温暖潮湿的空气遇到加利福尼亚寒流时产生的。

图 2-22　平流雾涌入旧金山湾

当潮湿的空气遇到加利福尼亚寒流时，就会形成雾团并涌入旧金山湾。

资料来源：Prakash Braggs/EyeEm/Getty Images。

在美国东南部和中西部地区，平流雾也是一种常见的冬季现象。当来自墨西哥湾和大西洋的相对温暖、潮湿的空气移动到寒冷、有时被雪覆盖的表面时，就会在很大的范围内形成平流雾。这种类型的平流雾往往很厚，会给驾车出行带来危险。

上坡雾。顾名思义，当相对潮湿的空气沿着缓坡或山的陡坡向上移动时，就会形成上坡雾。由于这种向上运动，空气会膨胀并绝热冷却。如果空气的温度降至露点温度，就会形成一层面积较大的雾。

在山岭地区形成上坡雾的过程是很容易想象的。然而，在美国，当潮湿的空气从墨西哥湾向落基山脉移动时，大平原也会出现上坡雾。回想一下，科罗拉多州的丹佛市被称为"一英里高的城市"，墨西哥湾与海平面齐平。流"上"大平原的空气会发生膨胀并绝热冷却高达12℃，这会导致西部平原上出现大范围的上坡雾。

蒸发雾

当空气主要是由于水蒸气的加入而达到饱和时，形成的雾被称作蒸发雾。蒸发雾有两种类型：蒸汽雾和锋面（降水）雾。

蒸汽雾。当较冷且不饱和的空气在温暖的水面上移动时，从水面蒸发的水分可能足以使上方空气达到饱和，从而形成一层雾气。增加的水分和能量常常使饱和空气有足够的浮力上升。由于雾蒙蒙的空气看起来像一杯热咖啡上方形成的"蒸汽"，所以这种现象被称为蒸汽雾（见图2-23）。在秋高气爽的早晨，当水体仍然相对温暖，而空气相对寒冷时，湖泊和河流上方经常会出现蒸汽雾。

锋面（降水）雾。在锋面边界，温暖、潮湿的气团被迫抬升到较冷、较干的空气之上时，就会产生锋面（降水）雾。之所以会有雾，是因为雨滴从锋面上方相对温暖的空气中落下，然后在下方较冷、较干燥的空气中蒸发，使下方的空气变得饱和。锋面雾可以相当厚，在长期降水的凉爽天气最为常见。

雾在何处最常见。可以预料的是，雾在沿海地区，尤其是在太平洋和新英格兰海岸等寒流盛行的地区最为常见。在五大湖区和美国东部潮湿的阿巴拉契亚山脉，雾的出现频率也相对较高。相比之下，大雾在内陆地区较为少见，尤其是在美国西部的干旱和半干旱地区。

冷空气
25°F

热量和湿气从水传到空气中

暖空气
52°F

气象学家的素描

图 2-23　出现在秋季的蒸汽雾

这张照片拍摄的是从亚利桑那州谢拉布兰卡湖升起的蒸汽雾。

Q5　"云变成雨"需要满足什么条件？

所有的云都含有水，但为什么有些云会产生降水，而另一些云则会平静地飘过头顶呢？这个简单的问题困扰了气象学家很多年。

云滴通常非常小，直径约 20 微米（见图 2-24）。不妨用人的头发做个比较，人的一根头发的直径约为 75 微米。由于体积小，云滴从空气中下落的速度非常慢。一般来说，从 1 千米的云层底部落下的云滴需要几个小时才能到达地面。然而，它永远完不成这段旅程。因为云滴从云底落下还不到几米，就会在下方不饱和的空气中蒸发。

一个云滴必须增长到多大才能形成降水？雨滴直径通常约为 2 毫米，换句话说，是平均云滴直径的 100 倍（见图 2-24）。然而，雨滴的体积通常是云滴体积的 100 万倍。因此，要形成降水，云滴的体积必须增加约 100 万倍。

有两种过程可以解释降水的形成：贝吉龙过程和碰并过程。

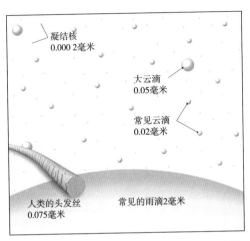

图 2-24　凝结和降水过程中相关颗粒的直径比较

冷云降水：贝吉龙过程

你可能看过这样的电视纪录片，登山者冒着严寒和凶猛的暴风雪攀登被冰雪覆盖的山峰。尽管很难想象，但在高耸的积雨云的上部，即使是在炎热的夏日也会出现类似的情形。在这些冷云中，正是一种叫作贝吉龙过程的机制导致了中纬度和高纬度地区大部分降水的产生。

贝吉龙过程基于这样一个事实：云滴在低至 -40℃ 的温度下仍然保持液态。低于冰点温度的液态水被称为过冷水，它在接触到固态表面时会变成固态或凝结。这就解释了为什么飞机在穿过由零度以下的水滴组成的云时会结冰，这种情况被称为积冰。过冷水滴在大气中与凝结核颗粒接触时也会凝结。由于凝结核相对稀疏，所以冷云主要由过冷水滴和少量冰晶混合而成。

冰晶和过冷水滴在云中共存是形成降水的理想条件。因为冰晶（雪花晶体）对水蒸气的亲和力比液态水对水蒸气的亲和力更大，所以水汽会开始聚集在冰晶上。当水蒸气变成固体时，空气的整体相对湿度会降低。周围的水滴又会开始蒸发以补充不断减少的水蒸气。结果，冰晶变大而水滴变小。最终，这个过程会制造大到足以形成雪花的冰晶（见图 2-25）。

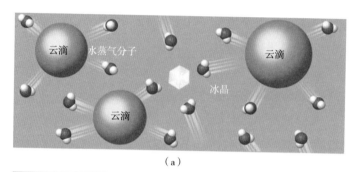

（a）

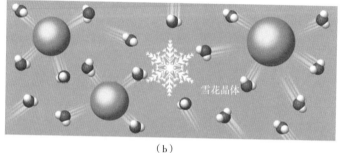

（b）

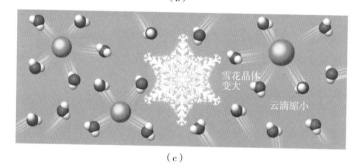

（c）

图 2-25　贝吉龙过程

冰晶的生长是以云滴的消耗为代价的，直到大到足以下落为止。

图（a），当水蒸气沉积在冰晶上时，液态水会从云滴中蒸发以维持空气的饱和。图 B 和图（c），冰晶在生长，而云滴变得更小。

贝吉龙过程全年都可以在中纬度地区制造降水，前提是云至少有一部分足够冷，大约在 -15℃时可以产生冰晶。当地表温度约为 4℃或更高时，雪花通常在落地之前就融化成雨滴落下。即使在炎热的夏天，一场强降水可能源自云层高处的暴风雪。在中纬度地区的冬季，即使是距离地面很近的云也会因温度足够低而通过贝吉龙过程形成降水。

暖云降水：碰并过程

碰并过程是暖云形成降水的主要过程，暖云是指最顶部的温度高于 -15℃的云。简单来说，碰并过程涉及微小云滴的多次碰撞，这些云滴黏在一起（合并）形成足够大的雨滴，因此可以在蒸发之前到达地面。

碰并过程形成雨滴的条件之一是存在大过平均水平的云滴。研究表明，完全由水滴构成的云通常包含一些直径大于 20 微米的水滴。当巨大的凝结核或海盐等吸湿粒子（吸水的粒子）被上升气流带入大气圈时，就会形成这种相对较大的水滴。吸湿粒子在相对湿度低于 100% 时开始吸收水蒸气。当大的云滴与众多小水滴混合在一起时，就为降水的形成提供了理想条件。

因为水滴下落的速度与自身大小有关，所以巨大的水滴下落得最快。当这些大水滴穿过云层时，它们与较小、速度较慢的水滴碰撞并合并（见图 2-26）。经过多次这样的碰撞后，这些水滴可能会大到足以降落到地面而不蒸发。上升气流也有助于碰并过程的进行，因为它们可以推动水滴反复穿过云层。

雨滴的最大直径可达 5 毫米，这时雨滴的速度为 33 千米 / 时。在这种大小和速度下，空气施加的阻力大于使雨滴凝聚在一起的表面张力，于是，雨滴破裂（见图 2-26）。大雨滴破裂会产生许多小雨滴，小雨滴又重新开启了碰并过程。到达地面时，直径小于 0.5 毫米的雨被称作细雨，它们需要大约 10 分钟才能从 1 千米高的云中落到地面。

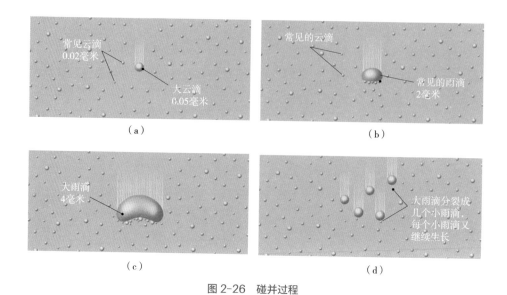

图 2-26　碰并过程

图（a），因为大云滴比小云滴下降速度更快，所以大云滴能够吸收下落时遇到的较小的云滴，从而变大。图（b），随着雨滴尺寸变大，它们的下落速度也会增加，导致空气阻力增加，从而变得扁平。图（c），随着雨滴直径接近 4 毫米，雨滴底部会形成向上的凹陷。图（d），当直径超过约 5 毫米时，雨滴底部的凹陷几乎以爆发的速度向上扩张，形成一个像甜甜圈一样的水圈后立即分裂成更小的水滴。碰并过程涉及微小云滴的多次碰撞，这些云滴黏在一起（合并）形成足够大的雨滴，在蒸发之前到达地面。

Q6　冰雹的大小由什么决定？

　　2010 年 7 月 23 日，南达科他州的维维安市创下美国有史以来最大的冰雹纪录。这颗冰雹直径超过 20 厘米，重近 900 克。此前的最大冰雹纪录出现在 1970 年的堪萨斯州科菲维尔市（见图 2-27b），那颗冰雹重 766 克。在南达科他州发现的这颗冰雹的直径打破了 2003 年在内布拉斯加州奥罗拉市创下的纪录，当时，一颗直径达 17.8 厘米的冰雹从天而降。1987 年，孟加拉国报道了该国有史以来最大的一场冰雹，这场冰雹袭击造成 90 多人丧生。

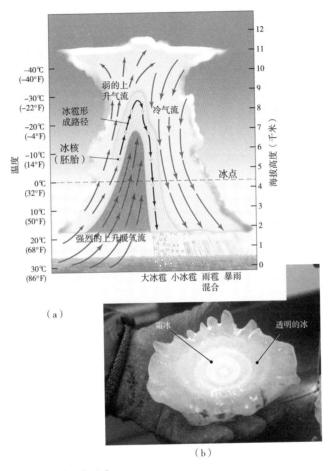

（a）

（b）

图 2-27　冰雹的形成

图（a），冰雹最初是小冰球，当它们在云中移动时，通过吸收过冷的水滴而增长。上升气流带着冰球向上移动，通过增加冰的厚度使冰雹变大。最终，冰雹要么变得太大，无法被上升气流承载，要么会遇到下降气流。图（b），1970 年，降落在堪萨斯州科菲维尔市的冰雹，原始重量为 766 克。

资料来源：图（b），University Corporation for Atmospheric Research/Science Source。

冰雹

冰雹是坚硬的圆形颗粒或不规则冰块形式的降水，冰雹的直径至少为 5 毫米。

冰雹产生于高耸积雨云的中上层，那里的上升气流速度有时会超过 160 千米 / 时，并且空气温度低于冰点。冰雹一开始是尚未完全成形的冰球或霰，它们与过冷水滴共存。冰球通过与过冷水滴结合而逐渐变大，有时还会在随上升气流抬升的过程中与其他小块冰雹结合。

　　产生冰雹的积雨云具有复杂的上升气流和下降气流系统。在上升气流强烈的区域，雨和冰雹会悬浮在高空，形成一个被下降气流和强降水区域包围的无雨区域（见图 2-27a）。最大的冰雹是在上升气流最强烈地带的中心部位产生的。在那里，它们上升得足够慢，因此可以与数量相当可观的过冷水结合。在冰雹变得太重而无法被上升气流所支撑，或者遇到下降气流并落到地面之前，这个过程会一直持续下去。

　　人们曾经认为，冰雹在云中经历多次上下颠簸，从而形成由透明的乳白色球状层组成的大冰雹。然而，最近的研究表明，大冰雹的形成有两种方式：湿生长和干生长（见图 2-27b）。透明冰是在云层中含有丰富水分的区域通过湿增长产生的，在那里，与冰雹碰撞的水滴会覆盖在其表面。释放的潜热使冰雹的外部保持湿润。在这些水滴慢慢冻结的过程中，水中的任何气泡都会逸出，从而形成相对无气泡的透明冰。相比之下，在水分较少的区域，冰雹的增长速度较慢，释放的潜热也较少。过冷云滴与不断增长的冰雹一旦相撞就立即被冻结。气泡被冻结在水中，留下了乳白色的冰，也被称为霜冰。

　　大冰雹的破坏作用是众所周知的。它们能在几分钟内摧毁农作物，给农民造成巨大的损失。大冰雹还会砸坏居民的窗户和屋顶（见图 2-28）。在美国，冰雹每年造成的损失高达数亿美元。那么，冰雹是如何形成的？哪些因素会决定冰雹的最终大小？

图 2-28 冰雹对汽车的严重破坏

资料来源：Helen H. Richardson/The Denver Post/ Getty Images。

我们了解了冰雹是一种具有破坏力的危险天气现象，不过它本质上也是一种降水形式，降水的其他形式还有雨、雪、雨夹雪、冻雨等（见表 2-3）。

表 2-3 降水的形式

种类	大小	物质状态	描述
薄雾	0.005～0.05 毫米	液态	与层云有关。当空气以 1 米/秒的速度运动时，落在脸上能够被感觉到的水滴
细雨	0.05～0.5 毫米	液态	从层云落下的均匀的小水滴，通常持续数小时
雨	0.5～5 毫米	液态	通常由雨层云或积雨云产生。当雨很大时，不同地方的雨量表现出很高的差异性
雨夹雪	0.5～5 毫米	固态	当雨滴穿过一层冰点以下的空气时发生凝固而形成的细小球形到块状冰粒。因为冰粒很小，所以如果造成损害，一般也是轻度的。雨夹雪会使出行变得危险
冻雨	1 毫米～2 厘米厚的层	固态	当过冷雨滴与固体物体接触而凝结时产生。雨凇可以形成一层厚厚的冰，其重量足以严重损坏树木和电线
雾凇	不固定	固态	雾凇通常是在物体的迎风面形成的羽毛状冰，这些纤细的霜状堆积物由过冷的云滴或雾滴接触物体表面时凝结而形成
雪	1 毫米～2 厘米	固态	雪的晶体性质使其具有多种形状，包括六边形晶体、板状和针状。雪在过冷的云中形成。在那里，水蒸气以冰晶的形式凝华，并在其降落过程中保持冻结状态
冰雹	5 毫米～10 厘米或更大	固态	以坚硬的圆形颗粒或不规则冰块的形式出现的降水，形成于冰粒和过冷水共存的大型积雨云中
霰	2～5 毫米	固态	有时被称为软雹，当雾凇聚集在雪晶上产生不规则的"软"冰时形成。由于这些颗粒比冰雹软，所以通常在撞击时变得扁平

雨、细雨和雾

在气象学中，术语"雨"仅代表从云上滴落下来且直径至少为 0.5 毫米的水滴。大部分降水要么来自雨层云，要么来自高耸的积雨云。积雨云能够产生异常强烈的降水，即大暴雨。雨滴的直径很少超过 5 毫米。较大的雨滴无法持续存在，因为空气阻力会超过将雨滴凝聚在一起的表面张力。因此，大雨滴经常分裂成多个较小的雨滴。

直径小于 0.5 毫米的细小、均匀的水滴被称为细雨。细雨的直径很小，微小的水滴甚至可以漂浮起来，所以它们的冲击力几乎难以察觉。我们将能到达地面的最小水滴构成的降水称为雾。

雪

雪是冰晶（雪花）形式，或者更常见的是晶体集合体形式的一种降水。雪的大小、形状和密集度在很大程度上取决于它们形成时的温度。

回想一下，在非常低的温度下，空气中的水汽含量很少，结果便是形成由单个六边形冰晶组成的非常轻盈蓬松的雪。这就是速降滑雪者常说的"粉雪"。相比之下，当温度高于约 -5℃时，冰晶会结合在一起，互相缠结聚集成更大的冰块。由这些复合雪花组成的降雪强度通常较大，且水分含量很高，因此非常适合制作雪球。

雨夹雪和冻雨

雨夹雪由透明到半透明的冰粒组成。根据强度和持续时间，雨夹雪可能会像薄薄的一层雪毯一样覆盖在地面上。相比之下，冻雨，也被称为雨凇，会降下过冷雨滴，它们在接触道路、电线和其他结构时发生冻结。

雨夹雪和冻雨主要出现在冬季和早春（见图2-29）。它们通常沿着暖锋形成，在暖锋处，大量相对温暖的空气被迫抬升到近地面低于冰点的空气层上方。两者最初都是雪的形态，在穿过下方的暖空气层时融化形成雨滴。当新形成的雨滴在锋面下遇到一层厚厚的冷空气时，就会产生雨夹雪。当雨滴穿过冰点以下的空气层时，它们会重新冻结，并以小冰粒的形态到达地面，其大小与一开始的雨滴大小大致相同。

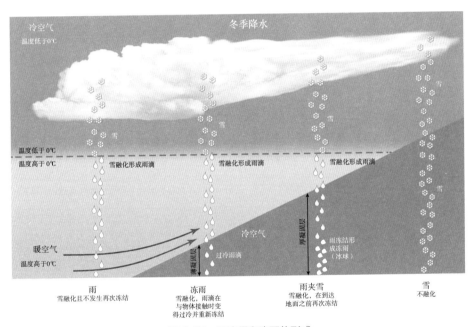

图 2-29 雨夹雪和冻雨的形成

当雨水穿过寒冷的空气层并结冰时，产生的冰球被称为雨夹雪。冻雨也在类似的条件下形成，只是冷空气层不够厚，无法冻结雨滴。这些形式的降水经常出现在冬季，在暖空气（沿着暖锋）被迫爬升到一层温度低于冰点的空气上方时形成。

如果暖层很厚，雨滴完全融化，那么靠近地面的底层冷空气的厚度不足以导致雨滴重新冻结。于是雨滴会变得过冷，也就是说，它们在冰点以下保持液态。

这些过冷的雨滴在碰到地表低于冰点的物体时，会立即变成冰，因此形成了冻雨（见图 2-30）。冻雨会在物体表面形成一层厚厚的冰，其重量足以折断树枝、压断电线，并给步行或驾驶带来极大的危险。

图 2-30　过冷雨滴与物体接触时结冰形成冻雨

1998 年 1 月，一场罕见的冰暴在新英格兰和加拿大东南部造成了巨大破坏。近 5 天的冻雨造成 40 人死亡和超过 30 亿美元的损失，数百万人经历断电长达一个月之久。

资料来源：AP Photo/Dick Blume, Syracuse Newspapers。

雾凇

雾凇是一种冰晶沉积物，由过冷的雾或云滴在表面温度低于冰点的物体上凝结形成。当雾凇在树上形成时，它特有的羽毛状冰晶会将树装饰得异常美丽，这是一种非常壮观的自然景观（见图 2-31）。在这种情况下，松针等物体会起到凝结核的作用，导致过冷液滴与其接触时凝结。当风吹来时，只有物体的迎风面会出现一层雾凇。

图 2-31　雾凇由精致的冰晶组成

过冷的雾或云滴与物体接触时冻结，
就形成了雾凇。

资料来源：Marcus Siebert/imageBR
OKER/age Fotostock。

测量降水

雨作为最常见的降水形式是最容易测量的。任何横截面上下一致的开放式容器都可以用作雨量计（见图 2-32a）。然而，我们通常会使用更精细的设备，在降水量很少的情况下也能做出准确测量，并尽可能减少测量过程中的蒸发损失。

标准雨量计的顶部直径约 20 厘米（见图 2-32b）。收集到的雨水会经漏斗进入圆柱形的量筒，该量筒的横截面积仅为接收器横截面的 1/10。因此，降水高度被放大了 10 倍，可以精确测量约 0.025 厘米的降水量。当降水量小于 0.025 厘米时，则被称为微量降水。

翻斗式雨量计由两个隔开的桶组成，这两个桶都位于漏斗的底部，能够容纳 0.025 厘米的雨水（见图 2-32c）。当一个桶装满水时，它会倾斜并倒空里面的水。与此同时，另一个"桶"就会取代它从漏斗口处收集降水。每当一个桶发生倾斜时，电路都会形成闭合电路，并在图表上自动记录 0.025 厘米的降水量。

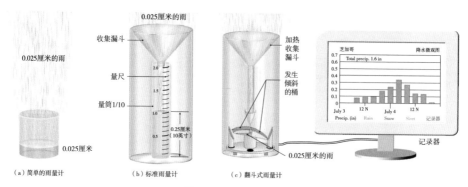

图 2-32 降水测量

图（a），最简单的雨量计就是放在雨中能够收集雨水的任何容器。图（b），标准雨量计可以将收集的水的高度放大 10 倍，可以精确测量接近 0.025 厘米的降水量。图（c），这种翻斗式雨量计包含两个桶，每个桶里能装相当于 0.025 厘米液体的降水。当一个桶装满时会发生倾斜，而另一个桶会取代它的位置。一次倾斜对应 0.025 厘米的降水量。

测量降雪

测量降雪通常使用厚度和水当量。雪厚度的测量方法之一是使用校准棒。实际测量很简单，但是选择一个有代表性的位置通常并不容易。即使在微风或中等风的情况下，雪也会自由飘落，这使降雪的测量变得困难。一般来说，最好在远离树木和障碍物的空旷地进行多次测量，然后取平均值。为了获得水当量，可以对雪进行称重，或者等雨量器中的雪融化，然后以雨的形式进行测量。

雪的体积一定时，水的含量却不是恒定的。你可能听天气播报员说过："每10英寸的雪等于1英寸的水。"但雪的实际含水量可能与这一数字相差甚远。产生1英寸的水，可能需要多达30英寸的轻而蓬松的干雪或至少4英寸的湿雪。

气象雷达测量降水

美国国家气象局利用气象雷达绘制降水地图，用不同颜色代表不同的降水强度。气象雷达的发展为气象学家提供了一个重要的工具，可以追踪远在几百千米之外的风暴系统及其产生的降水模式。

雷达装有发射器,可以发出特定波长的无线电短波。监测降水时使用的波长为 3 ～ 10 厘米。这些波长的无线电波可以穿透由微小雨滴组成的云层,但会被更大的雨滴、冰晶和冰雹反射。反射的信号被称为回波,会被接收并显示在监视器上。当降水量更大时,回波"更亮",所以气象雷达不仅能够探测降水的区域范围,还能探测降水率。此外,由于测量是实时的,所以在短期预测中特别有用。

要点回顾
Foundations of Earth Science >>>

- 水在接近地球表面的温度和压力下，可以从一种状态（固体、液体或气体）转变为另一种状态。导致水的状态发生变的过程有蒸发、凝结、融化、凝固、升华和凝华。每种过程都伴随着潜热的释放或吸收。

- 当空气膨胀时，它会冷却；当空气收缩时，它会变暖。当空气上升时，它会膨胀并绝热冷却。如果空气被充分抬升，它就可能冷却到露点温度，形成云。

- 当水蒸气在云凝结核上发生凝结时，就会在大气中形成云。这一过程产生了微小的云滴，它们会被最轻微的上升气流带到高空。云是凝结的一种形式，它是微小水滴或微小冰晶的可见集合体。

- 雾是底部位于地表或非常接近地表的云。冷却形成的雾包括辐射雾、平流雾和上坡雾。由于水汽的加入而形成的雾是蒸汽雾和锋面雾。

- 要形成降水，需要上百万的云滴结合在一起形成足够大的液滴，以保证在蒸发之前到达地面。

- 降水最常见的形式是雨和雪，除此之外还有雨夹雪、冻雨和冰雹等，其中冰雹是在高耸的积雨云中产生的坚硬的圆形颗粒或不规则冰块。在积雨云中，冰粒和过冷水共存。

Foundations
of Earth Science

03

风的运动如何影响天气?

妙趣横生的地球科学课堂

- 人为什么不会被大气的重量压塌?

- 地球自转如何改变风向?

- 为什么低压中心会"制造坏天气"?

- 大气环流是如何形成的?

- 局地风如何产生巨大威力?

　　2018 年 11 月 8 日，美国加利福尼亚州南部伍尔西峡谷发生大火。这场凶猛的大火在两周的时间里蔓延了近 10 万英亩的土地，摧毁了 1 650 多座建筑，并迫使大约 30 万人撤离。和许多南加州的野火一样，圣安娜风在伍尔西峡谷事件中发挥了重要作用。

　　圣安娜风常常在秋季从大盆地沙漠的高地向西吹向太平洋。当已经干燥的空气沿着山坡向下流向海洋时，它们由于压缩而变暖，相对湿度变得更低，使在大火中充当燃料的植被更加干燥。当空气经过狭窄的峡谷时，风速会加快。强风和漩涡助长了火势，并使火焰吹向尚未燃烧的地区。

　　当伍尔西峡谷的大火平息下来，最后的余烬也被扑灭后，许多居民回到这里，目睹了称得上世界末日的景象。数千年来，强劲的圣安娜风加上干旱的气候一直在南加州引发野火。当人们开始建造房屋并到火灾易发地区生活时，就会遭遇自然灾害。

　　在天气和气候的各种要素中，气压的变化是最不引人注意的，但它却深刻影响着天气的变化：气压差异会引发空气流动，我们称之为风，风不仅会导致温度和湿度的变化，还会与不同的地形和气候结合，形成各种各样复杂的变化，产生令人意想不到的影响。例如，数千年来，强劲的圣安娜风加上干旱的气候就一直在南加州引发野火。所以，气象预报一直非常关注气压的变化。

通过本章内容，你将学习风产生和运行的机制，以及它与其他天气因素（温度、湿度）的关系。你将和气候学家一起总结理想化的地球全球环流，并说明大陆和季节性温度变化是如何让理想模式变复杂的。

Q1　人为什么不会被大气的重量压塌？

我们生活在大气圈的底部，就像生活在海洋底部的生物要承受来自水的压力一样，人类也要承受来自上方大气重量所施加的压力。虽然我们通常不会注意到周围的"空气之海"施加的压力（除非在乘坐电梯或飞机时经历快速上升或下降），但它仍然是巨大的。

空气对地表施加的压力比大多数人想象的要大得多。例如，大气施加在一个小课桌（50 厘米 ×100 厘米）桌面上的压力超过 5 000 千克，相当于一辆载客 50 人的校车的重量。为什么桌子没有被上方的空气压塌？简单来说，气压存在于各个方向，下方、上方以及两侧。所以，各个方向的气压恰好达到了平衡。

什么是气压

我们把气压定义为由上方空气的重量对每单位面积的表面施加的力。海平面上的平均气压约为 1 千克 / 平方厘米。具体来说，一根从海平面到大气圈顶部、横截面为 1 平方厘米的空气柱，其重量约为 1 千克（见图 3-1）。这大概与一个高 10 米、横截面积为 6.45 平方厘米的水柱产生的压力相等。

气压的测量

气象学家测量大气压时使用的单位是毫巴。标准海平面压力是 1 013.25 毫巴

（见图 3-2）。你可能听说过"英寸汞"
这种表达，它也被用来描述大气压。这
种表达方式可以追溯至 1643 年，当时
意大利著名科学家伽利略的一个学生托
里拆利发明了水银气压计。托里拆利准
确地将大气圈形容为"无尽的空气之
海"，它对地表所有物体都施加了压力。
为了测量这种力，他在一个一端封闭的
玻璃管里灌满了水银。然后把玻璃管反
向放进一个盛有水银的盘子里（见图

3-3）。托里拆利发现，水银会一直沿玻璃管上升，直到水银柱的重量与大气施加
在水银表面的压力达到平衡为止。换句话说，水银柱的质量就等于直径相等、从
地面延伸到大气圈顶部的空气柱的质量。

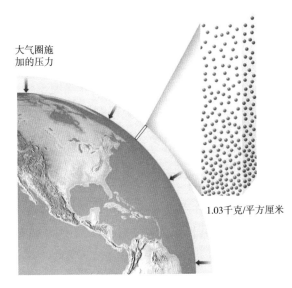

大气圈施
加的压力

1.03千克/平方厘米

图 3-1　海平面的压力

气压可以被看作上方大气的质量。一
根横截面为 1 平方厘米、从海平面一
直延伸到大气顶部的空气柱重约 1 千
克。气体分子密度从下到上的差异实
际上比图中所示的要大得多。此外，
图中大气的厚度被夸大了。

　　当气压变大时，管内的水银柱就会上升。当气压下降时，管内的水银柱也会
下降。在经过一番改革后，托里拆利发明的水银气压计至今仍是标准压力测量仪
器。海平面标准大气压等于 760 毫米汞柱。

图 3-2　英寸汞柱和毫巴

图中标注：
- 海平面气压最高纪录：1 084毫巴　西伯利亚阿加塔（1968年12月）
- 美国海平面气压最高纪录：1 064毫巴　蒙大拿州迈尔斯城（1983年12月）
- 强高压系统（反气旋）
- 平均海平面气压：1 013.25毫巴
- 强低压系统（中纬度气旋）
- 飓风"卡特里娜"（2005年8月）：902毫巴
- 海平面气压的最低纪录：870毫巴　台风"泰培"（1979年10月）
- 龙卷风导致的最低海平面气压：南达科他州曼彻斯特（2003年6月）

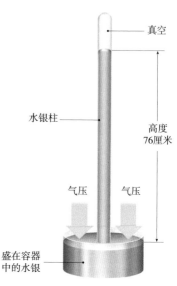

图 3-3　水银气压计

水银柱的质量与空气施加在盘中水银上的压力相平衡。如果压力降低，水银柱就会下降；如果压力升高，水银柱就会上升。

　　后来，人们制作了更小、更便携的气压测量仪器：无液气压计（见图3-4a）。与使用水银不同，无液气压计使用的是一个部分真空的金属腔（见图3-4b）。这个金属腔对气压差异非常敏感，会随着压力的增加而收缩，随着压力的降低而膨胀。

　　如图3-4所示，家用无液气压计的表面上刻着晴、变、雨、风暴等字样。要注意，"晴"对应着高压读数，而"雨"对应着低压读数。然而，气压计的读数也不总是能指示天气情况。指针也可能在雨天指向"晴"，或在晴天指向"雨"。要"预测"局部天气的话，过去几小时内的气压变化比当前的气压读数更重要。气压下降通常与云量增加和可能出现降水有关，而气压上升通常表明天气晴朗。但要记住，特定的气压计读数或趋势并不总是与特定类型的天气相对应。

另外，人们会在需要连续测量和记录气压的场景中使用电子气压计，如在机场或美国国家气象局办公室。电子气压计可以将电信号转换成易于传输和存储的数字压力值。

我们知道，如果空气被迫越过屏障，或者温度较高因而比周围的空气浮力更大，那么空气就会发生垂直移动。但是，是什么导致空气水平移动的呢？

当你打开一罐热碳酸饮料时，你可能会感觉到瓶口处的"一股风"，这是因为溶解在液体中的气态二氧化碳会从罐内压力较高的区域冲到罐外压力较低的区域。空气发生水平移动，就会产生风。

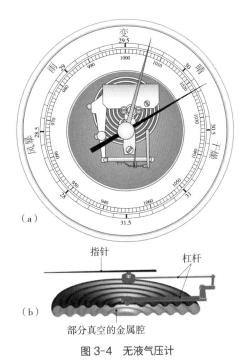

（a）

（b）

指针　　杠杆

部分真空的金属腔

图 3-4　无液气压计

图（a），无液气压计插图。图（b），无液气压计中有一个部分真空的金属腔，它的形状会随着大气压的增加而压缩，随着大气压的降低而膨胀。

简单地说，风是气压水平差异的结果。空气从压力较高的区域流向压力较低的区域。风是自然界试图使不平衡的气压达到平衡状态的结果。

Q2　地球自转如何改变风向？

第二次世界大战时，美国海军在军舰上练习打靶时发现，远程火炮总是偏离目标几百米的距离，后来他们不得不进行了弹道修正，改变了看似静止的目标的位置。

火炮的偏离证实了一个科学发现：包括风在内的所有自由运动的物体或流体，当其位于北半球时会偏向路径的右侧，在南半球则会偏向路径的左侧。这种现象叫作科里奥利效应，得名于第一位详细描述它的法国物理学家科里奥利。值得注意的是，科里奥利效应不会产生风；相反，它会改变气流的方向。

如果地球不自转，如果流动的空气和地表之间没有摩擦，空气会沿直线从高压区流向低压区。但因为地球会自转，摩擦力也确实存在，风就会受以下几个力的共同影响：

- ·气压梯度力
- ·科里奥利效应
- ·摩擦力

气压梯度力

如果一个物体受某到一方向的不平衡力，它就会加速运动（速度会发生变化）。形成风的力就是由水平压力差导致的。当空气一侧的压力大于另一侧的压力时，这种不平衡就会产生一种从高压区指向低压区的力，被称为气压梯度力（pressure gradient force，PGF）。因此，压力差令风吹动起来，并且压力差越大，风速越大。

数百个气象站的压力读数确定了地表的气压差异。这些压力测量值用等压线或者说用线把气压相等的地方连起来，显示在地面天气图上（见图 3-5）。等压线之间的间距表示在给定距离上的压力变化量，被称为气压梯度。气压梯度就类似于作用在滚下山坡的球上的重力。较强的气压梯度就像较陡的山，它让空气获得的加速度比较弱气压梯度（较缓的山）更大。因此，风速与气压梯度的直接关系是：间距较近的等压线意味着较强的气压梯度和强风；间距较宽的等压线意味着较弱的气压梯度和微风。图 3-5a 说明了等压线间距与风速的关系。还要注意，气压梯度力总是与等压线呈直角。当等压线弯曲时，气压梯度力从高压区域向低压区域辐射（见图 3-5b）。

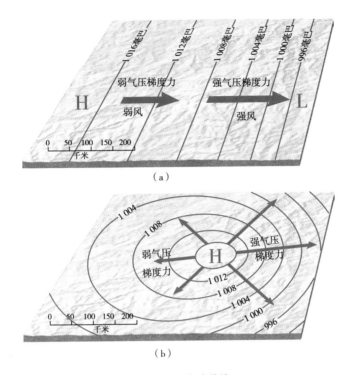

图 3-5　等压线是将压力相等的点连起来的线

图（a），等压线几乎为直线时的气压梯度力。图（b），等压线弯曲或呈近似同心圆时的气压梯度力。等压线的间距表示在给定距离内的压力变化量——气压梯度。间距较窄的等压线意味着强气压梯度和高风速，而间距较宽的等压线则意味着弱气压梯度和低风速。

为了在天气图上画出等压线来表示气压模式，气象学家必须先对每个站点的海拔做出补偿。否则，所有高海拔点，比如科罗拉多州丹佛市，在地图上总是会被标记为低压区。补偿的方法就是将所有气压测量结果都转换成海平面气压值。

图 3-6 是一幅显示了等压线（经修正的海平面气压）和风的地表天气图。风向用风矢杆表示，风速用风羽表示。等压线被用来描述压力模式，它在地面图上很少呈直线或均匀分布。因此，因气压梯度力产生的风在流动时通常会改变速度和方向。

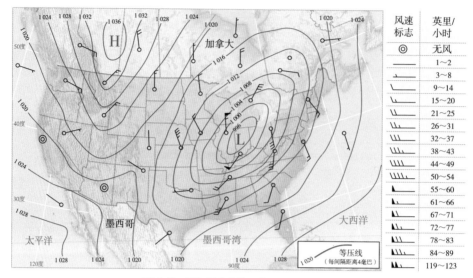

风速标志	英里/小时
◎	无风
──	1～2
──┘	3～8
──╲	9～14
──╲	15～20
──╲╲	21～25
──╲╲	26～31
──╲╲╲	32～37
──╲╲╲	38～43
──╲╲╲╲	44～49
──╲╲╲╲	50～54
──▲	55～60
──▲╲	61～66
──▲╲	67～71
──▲╲╲	72～77
──▲╲╲	78～83
──▲╲╲╲	84～89
──▲▲╲	119～123

图 3-6　天气图上的等压线显示气压分布

等压线很少呈直线，通常为大面积的曲线。同心等压线表示高压和低压单元。风矢表示压力单元周围的预期气流，并被绘制成随风"吹拂"（也就是说，风朝着站点圈吹）。注意，在这幅地图中，低压中心周围比高压周围的等压线间距更近，风速也更快。

　　在北美东部，用红色字母 L 表示的近圆形封闭的等压线区域是一个低压系统。我们在加拿大西部，可以看到一个用蓝色字母 H 标记的高压系统。下文会介绍高压和低压。

　　总的来说，水平气压梯度是风的驱动力。气压梯度力的大小可通过等压线间距来显示。力的方向总是从高压区指向低压区，并且与等压线垂直。

科里奥利效应

　　图 3-6 显示了与高压和低压系统有关的典型空气运动。不出所料，空气从高压区移动进入了低压区。然而，风却不像气压梯度力的方向那样，与等压线垂直。风向的偏离是地球自转的结果。

　　要想说明这种偏离的原因，我们可以想象一枚从北极向赤道发射的火箭的路径（见图 3-7）。如果火箭抵达目标地点需要 1 小时，在飞行期间，地球将向东旋转 15°。对地球上的某个人来说，火箭看起来似乎偏离了轨道并落在了目标以西 15° 的位置。但火箭的实际路径其实是直线，在太空中看地球的人也会觉得它是直线。正是火箭下方旋转的地球让火箭的路径看起来像是发生了偏转。

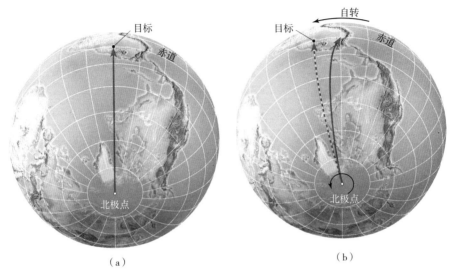

（a）　　　　　　　　　　（b）

图 3-7　科里奥利效应

图（a），不自转的地球。图（b），自转的地球。用一个火箭从北极到赤道的 1 小时航程来说明地球自转引起的偏转。图（a），在不自转的地球上，火箭将沿直线到达目标点。图（b），实际上地球每小时自转 15°。因此，尽管火箭沿直线前进，如果我们把火箭飞行的路径画在地表上，就会发现它沿着一条弯曲的路径落在了偏向目标点的右侧位置。

要注意，火箭偏向其移动路径的右侧是因为在北半球，地球沿逆时针方向自转。在南半球，情况则刚好相反。地球沿顺时针方向自转会使火箭路径偏离相同的角度，只不过是朝移动路径的左侧偏转。风运动的情况与此类似，不管风朝哪个方向移动，它都会经历同样的偏转。

⸺ 你知道吗? ⸺

科里奥利效应可能会影响棒球比赛的结果。球如果在 4 秒内沿右场线水平前进 100 米距离，就会向右偏转 1.5 厘米。这足以把一次本垒打变成界外球!

我们把风向的明显转向归因于科里奥利效应。这种偏移满足如下条件：始终与气流方向呈直角；只影响风向，不影响风速；受风速影响（风越强偏移越大）；在极地最强，向赤道方向减弱，在赤道消失。

要注意，任何自由移动的物体都会因科里奥利效应而发生偏转。

与地表的摩擦力

摩擦力会减慢移动物体和风的速度，尤其是地面风的速度。在地球大气圈最下部的 1.5 千米以内，摩擦力对风的影响就比较显著，我们将这层大气称为边界层。在高空，摩擦力的影响可以忽略不计。因此，上层气流没有地面风复杂。

为了说明摩擦对风向的影响，我们先来看看没有摩擦力的情况。在边界层之上，风向由气压梯度力和科里奥利效应共同决定。在这两个因素的共同作用下，气压梯度力使空气穿过等压线运动。一旦空气开始运动，科里奥利效应就会作用在运动的垂直方向。风速越快，偏移就越大。

最后，科里奥利效应将与气压梯度力平衡，风的运动方向将与等压线平行（见图 3-8）。高空的风通常以这样的路径运动，它们被称为地转风。由于缺乏与地表的摩擦，地转风的风速通常比地面风的风速更大。仔细观察图 3-9 也能发现这一点，图中大部分风矢指示风速为 80 ～ 160 千米 / 时。

高空气流最显著的特征是急流。第二次世界大战期间的高空轰炸机最早发

○ **你知道吗？** ○

你可以通过检查风来估计气压的分布。在北半球，如果你背对着风站立，低压区会在你的左边，高压区会在你的右边。在南半球，情况正好相反。通过查看图 3-8 可以很容易验证这一点。虽然这一规则对高空气流是适用的，但如果要将它应用于地面风，则必须加以修改，因为摩擦力和地形会减慢风速。在地面上，如果你背对着风站立，然后再沿顺时针方向旋转 30° 左右，低压区将在你的左边，高压区将在你的右边。

现了这种现象。这种高速的空气流以 120～240 千米/时的速度自西向东运动。这种气流中的一种位于极锋（一个将极地冷空气与亚热带暖空气分隔开的区域）上方。

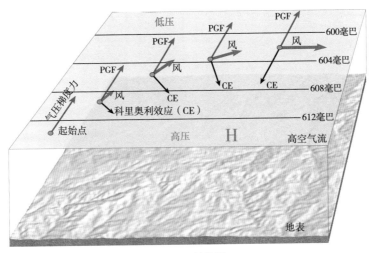

图 3-8 地转风

作用在静止空气体上的唯一的力就是气压梯度力。一旦空气开始加速，科里奥利效应（CE）就会使北半球的空气向右偏转。更大的风速会导致更强的科里奥利效应（偏转），直到气流与等压线平行。此时，气压梯度力和科里奥利效应处于平衡状态，这种气流被称为地转风。值得注意的是，在"真实"大气中，气流会不断地根据压力场的变化调整方向。

在 600 米以下，摩擦力使上述气流变得复杂起来。前文提到，科里奥利效应与风速成正比。摩擦力降低了风速，从而减小了科里奥利效应。由于气压梯度力不受风速影响，所以它赢得了这场拉锯战（见图 3-10）。结果，空气以一定角度穿过等压线，向低压区移动。通过比较图 3-10b 和图 3-10c 可以发现，地面的粗糙度决定了气流穿过等压线的角度。在平滑的海面上或地形平坦的地方，摩擦力比较小，因此角度也较小。在摩擦力较大的崎岖地形上，空气流动时与等压线的夹角可达到 45°。

总的来说，高空气流与等压线几乎平行，而地表的风在科里奥利效应的影响下速度减慢，并且与等压线以一定的角度相交。

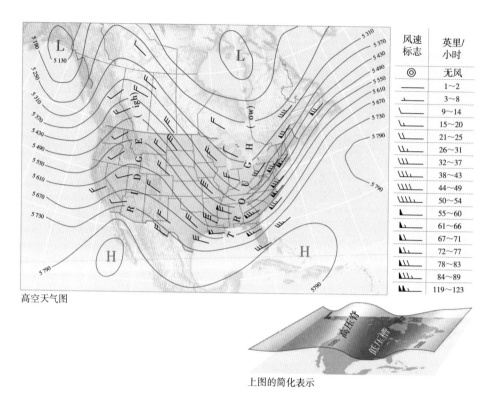

高空天气图

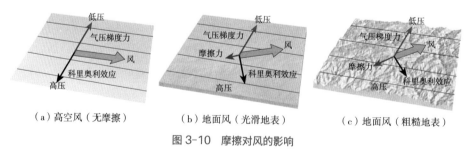

上图的简化表示

图 3-9　简化的高空天气图

这幅简化的天气图显示了高空的风向和风速。从图中的风矢可以发现，气流几乎与等高线平行。和大部分其他高空图一样，这张图显示的是在一个固定压力（500毫巴）下的高度（米）变化，而不是像地面地图那样，显示在一个固定高度下的压力变化。在较高海拔（地图上朝南的地方），承受500毫巴压力的地方比海拔较低的地方承受的压力要大。因此，较高海拔的等高线代表较高的地表压力，较低海拔的等高线代表较低的地表压力。

图 3-10　摩擦对风的影响

（a）高空风（无摩擦）　　（b）地面风（光滑地表）　　（c）地面风（粗糙地表）

图（a），摩擦对高空风几乎没有影响，因此高空气流与等压线平行。图（b），摩擦会使地面风减速，这将削弱科里奥利效应的影响，使风穿过等压线朝着低压区移动。图（c），注意，在崎岖的地形上，风速比在平坦地形上的风速更慢，风向与等压线的夹角也更大。

Q3 为什么低压中心会"制造坏天气"？

如果你经常听天气预报就会发现，天气播报员经常强调气旋和反气旋的未来路径，而且他们提到的低压中心往往伴随着"坏天气"。气象学家研究发现，所有有记录的最低气压都与飓风有关。美国的记录是882毫巴，出现在2005年10月"威尔玛"飓风期间。世界最低气压记录是870毫巴，是1979年10月台风"泰培"（太平洋飓风）形成的。

低压中心的"坏名声"并不是巧合，接下来，我们将学习高压和低压的几个基本事实，通过对比低压中心（气旋）和高压中心（反气旋）来增进对现在和未来天气的了解。

天气图上最常见的特征之一就是被定为压力中心的区域。气旋（低压）是指低压中心，反气旋（高压）是指高压中心。从外部等压线到气旋中心，压力逐渐降低（见图3-11）。在反气旋中，情况刚好相反：等压线的值从外部到中心逐渐升高。

图3-11 北半球的气旋和反气旋

箭头表示风在低压区周围沿逆时针方向向内吹，在高压区周围沿顺时针方向向外吹。

气旋和反气旋

在上一节中，我们已经了解影响风的两个最重要的因素是气压梯度力和科里奥利效应。风从高压区向低压区移动并在地球自转的作用下向左或向右偏转。当这些气流控制因素都作用在北半球的压力中心时，它们会导致风沿逆时针方向旋转涌入低压中心（见图 3-12a）；在高压附近，风则沿顺时针方向向外吹（见图 3-11）。

在南半球，科里奥利效应会让风向左偏；因此，低压区的风为顺时针方向（见图 3-12b），高压区的风为逆时针方向。在每个半球，摩擦力都会造成绕气旋的净流入（辐合）和绕反气旋的净流出（辐散），如图 3-11 所示。

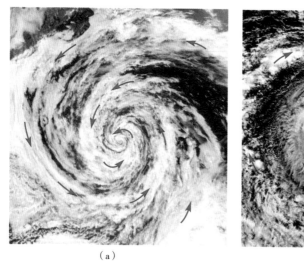

（a） （b）

图 3-12 北半球和南半球的气旋环流

图（a），该卫星图显示了位于阿拉斯加湾的一个巨型低压中心。云图清楚地显示出一个向内的逆时针旋转的螺旋状结构。图（b），该卫星图显示了位于巴西海岸附近南大西洋的一个强气旋风暴。云图显示了向内旋转的顺时针流动模式。这两幅图的云的模式能让我们"看出"大气下部的环流模式。

高压和低压的天气概况

上升空气与云的形成和降水密切相关，而下沉空气则与晴朗的天气有关。本节将介绍空气运动本身是如何导致压力变化并形成风的。之后，我们将分析水平和垂直气流之间的关系，以及它们对天气的影响。

我们先来看看空气向内盘旋的地表低压系统。空气的净流入会造成气体所占的面积收缩,这一过程被称为水平辐合。每当空气发生水平辐合时,它就会向上堆,也就是通过增加高度来抵消它所占面积的减小,这样就形成了一个"更高"且更重的空气柱。然而,只有当空气柱施加的压力小于周围区域产生的压力时,地表低气压才能存在。我们似乎遇到了一个悖论:低压中心会引起空气的净积累,从而使压力变大。因此,地表气旋应该很快就会自我毁灭,就像真空罐头被打开时那样。

一个地表低压要长期存在的话,高空的某一层就必须加以补偿。比如,如果高空辐散(向外扩散)的速度与下层辐合的速度相等的话,地表辐合就能得到维持。图 3-13 显示了维持低压中心所需的地表辐合与高空辐散之间的关系。

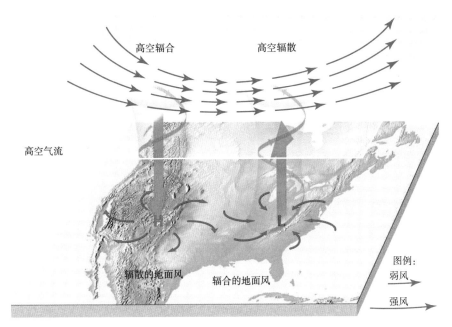

图 3-13 与气旋(L)和反气旋(H)有关的气流

低压(或气旋)具有辐合的地面风和上升的空气,导致多云天气。高压(或反气旋)具有辐散的地面风和沉降的空气,导致无云的天空和晴朗的天气。

高空辐散甚至可能超过地表辐合,从而使地表流入加剧、垂直运动加速。因此，高空辐散可以增强并维持风暴中心。然而，高空辐散不足的话，地表气流就会"充填"并削弱气旋。

要注意，气旋的地表辐合会造成一个净向上运动。这种垂直运动的速度很慢，每天的运动距离通常小于 1 千米。然而，由于上升空气通常导致云的形成及降水，所以低压中心往往与不稳定的天气状况及风暴天气有关。

通常情况下，高空辐散产生了地表低压。高空的向外扩散导致了正下方的大气上涌，上涌的运动趋势最终扩张到地表，促进了地表的空气汇聚流入。

和气旋一样，反气旋必须从顶部来维持。近地表的外涌伴随着空气柱的高空辐合和逐渐下沉（见图 3-13）。由于下降的空气经历了压缩和升温，因此反气旋不可能导致云的形成和降水。因此，靠近高压中心的区域通常会出现晴天。

现在我们应该知道了家用无液气压计为什么普遍会在低压一端印上"风暴"，在高压一端印上"晴"了。通过观察气压是上升、下降还是不变，我们就能很好地预测未来的天气情况。气压计测量的是压力，或者叫气压或趋势，能有效辅助预测短期内的天气情况。

低压大概沿从西向东的方向扫过美国，这一过程需要几天到一周多。由于它们的路径有些古怪，所以短期预测虽然很有必要，但很难做到精准预测。气象学家还必须确定高空气流是会加剧刚刚形成的风暴，还是会抑制它的发展。由于地面情况与高空情况之间联系紧密，对大气环流，特别是对中纬度地区的大气环流重要性的了解至关重要。

Q4　大气环流是如何形成的？

到达低层大气的太阳能中，大约有 0.25% 转化为风能。虽然这只是一个极小的百分比，但绝对值却是巨大的。根据世界风能协会的数据，2020 年初，全球风电装机容量超过 6.5 亿瓦，足以满足全球 6% 以上的电力需求。也许你现在所在的地方是风平浪静的，但全球的大气环流一刻都没有停歇过。

产生风的根本原因是地表的差异升温。在热带，地表接收到的太阳辐射量大于辐射回太空的量。在极地，情况则相反：地表接收的太阳辐射少于辐射回太空的量。为了平衡这些差异，大气扮演了一个巨型传热系统的角色，将暖空气移向极地，将冷空气移向赤道。在稍小一点的尺度上，洋流也促成了这种全球热传递。

大气环流比较复杂，但我们可以先设想一个发生在无自转、具有均匀表面的地球上的环流，从而对此有一个大致的理解。然后，我们修改这一系统以适应实际观察到的模式。

无自转地球上的环流

在一个全是陆地或全是水的表面平滑、不自转的假想星球上，将形成两个大型热单元（见图 3-14）。赤道的热空气会上升到对流层顶，对流层顶就像一个盖子，使空气向极地偏转。最终，高空层的气流会到达两极，下沉，在地面朝四面八方扩散，然后朝着赤道方向移动。一旦到达赤道，空气会被重新加热并再次开启这一旅程。这个假想的环流系统具有向极地流动的高空气流和向赤道流动的地表气流。

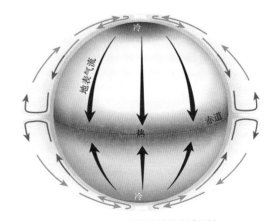

图 3-14 不自转地球的全球环流

一个不自转地球大气圈的差异升温引起的简单对流系统。

117

如果我们加上自转的影响，这个简单的对流系统就会被拆分成几个小单元。图 3-15 显示了在一个存在自转的地球上实现热量再分配所需具备的三对单元。极地和热带单元保证了前文所说的热力驱动的对流。中纬度的环流更复杂，我们将在后面的章节中详细讨论。

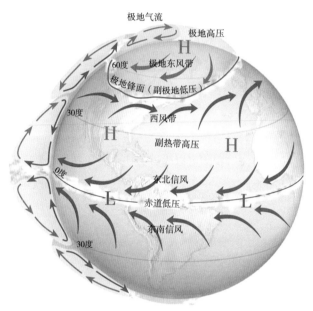

图 3-15　存在自转的地球上三对单元环流模式的理想化全球环流

理想化全球环流

在赤道附近，上升的空气与被称为赤道低压区的压力区有关。这个具有上升的水蒸气和热空气的区域的特征就是降水丰富。由于这个低压区是风辐合的区域，所以也被称作热带辐合带。在图 3-16 中，热带辐合带是一个在赤道附近的可观察到的云带。来自赤道低压的高空气流会到达南纬 20°～30° 和北纬 20°～30°，然后沉降至地面。这种下沉和相关的绝热升温创造了炎热干旱的环境。这个干空气的沉降中心就是副热带高压，位于南北纬 30° 附近（见图 3-15）。澳大利亚、阿拉伯地区和非洲的大沙漠的存在，都是因为副热带高压带来了稳定的干燥环境。

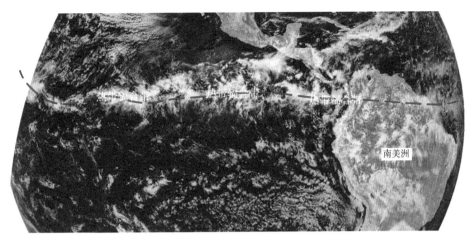

图 3-16 热带辐合带

这一低气压辐合带可以看作一条在赤道东西向略向北延伸的云带。

在地表，气流从副热带高压的中心向外流动。一部分空气向赤道运动并因受到科里奥利效应的影响而发生偏转，形成了稳定的信风。剩下的空气向极地运动，同时会因科里奥利效应发生偏转，在中纬度形成盛行西风带。当西风带向极地运动时，会在副极地低压带遇到冷的极地东风带。这些暖风和冷风的相互作用就会制造一个风暴带，被称为极锋。多变的极地东风带的源区是极地高压区域。在那里，极地冷空气不断下沉并向赤道方向扩散。

总的来说，这一简化的全球环流系统主要由 4 个区域组成。副热带高压和极地高压带是干燥空气下沉并在地面向外流动的区域，导致了盛行风的形成。赤道低压和副极地低压带与向内、向上的气流有关，伴随着云和降水。

陆地的影响

到目前为止，我们已经说明了地表压力和相关的风是围绕地球的连续带。然而，唯一真正连续的压力带是南半球的副极地低压带，那里的海洋没有被陆地分隔。在其他纬度上，尤其是在北半球，陆地都会分隔海面，因此巨大的季节性温差会扰乱这种模式。图 3-17 显示了 1 月和 7 月最终的压力和风的模式。海洋上方的环流主要是副热带高压单元和副极地低压单元。副热带高压造就了信风和西风带，和前面提到的一样。

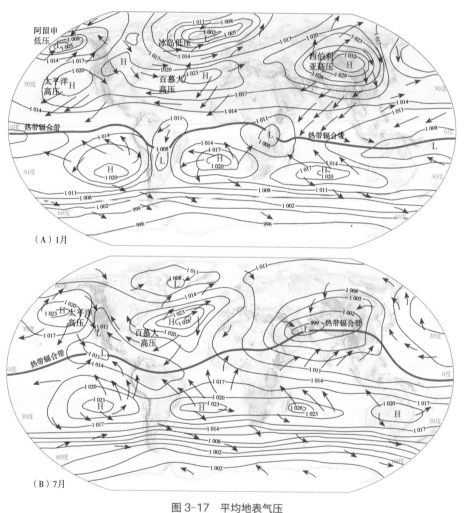

图 3-17　平均地表气压

图（a）和图（b）显示了 1 月和 7 月的平均地表气压，单位为毫巴，图中还标出了地面风。

　　此外，巨大的陆地，尤其是亚洲，在冬天变得很冷，形成一个季节性高压系统，地表的气流从该处离开陆地（见图3-17）。在夏天，情况则相反：大陆被加热并形成低压单元，使得空气涌入该区域。风向的这种季节性变化被称为季风。在温暖的月份里，像印度这样的地区会遭遇来自印度洋的温暖且湿润的空气，从而产生多雨的夏季季风。冬季季风主要是干燥的大陆空气。类似的情况也存在于北美，但差异程度不同。

> **○ 你知道吗？ ○**
>
> 开发风能可以减少温室气体的排放，对控制全球气候变暖有积极的影响。例如，在风力发电方面走在前列的得克萨斯州，2019 年的发电量超过 3 万兆瓦。风力发电的环境效益包括避免了超过 5 400 万吨二氧化碳的排放，这相当于 1 150 万辆汽车的二氧化碳排放量。

总的来说，总环流是由海洋上方的高压和低压单元造成的，同时因陆地上的季节性压力变化而变得复杂。

西风带

在中纬度，西风带的环流是复杂的，热带的对流系统在该处不再适用。在纬度 30° ～ 60°，自西向东的气流被气旋和反气旋的迁移所中断。在北半球，这些单元在全球范围内从西向东移动，在它们的影响区制造了反气旋（顺时针）气流或气旋（逆时针）气流。这些地面压力系统的移动路径与高空气流的位置密切相关，这说明高空气流控制着气旋和反气旋系统的运动。

高空气流最明显的特征之一就是季节变化。冬季横跨中纬度地区骤变的温度梯度对应着更强的高空气流。此外，极地急流会随季节波动，导致其平均位置随着冬季的临近而向南迁移，随着夏季的临近而向北迁移。到隆冬时节，急流的核可能会向南移动到佛罗里达中部（见图3-18）。

由于低压中心的路径受高空气流引导，我们可以预测南部各州在冬季将经历更多暴风雨天气。在炎热的夏季，风暴的路径会穿过北部各州，有的气旋一直停留在加拿大。与夏季有关的来自北方的风暴路径也适用于太平洋风暴——它们在温暖的月份向阿拉斯加移动，因此令西海岸大部分地区的旱季延长了。气旋的生成数量也是季节性的，在较冷的月份出现的气旋数量最多，因为当时的温度梯度是最大的。这一事实符合气旋风暴在中纬度地区热量分配中发挥的作用。

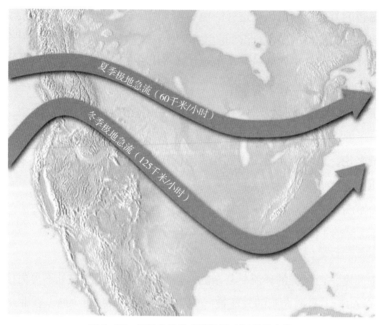

图 3-18　极地急流的位置和速度随季节变化

极地急流在纬度 30°～70° 自由迁移。图中显示的是夏季和冬季常见的流动模式。

Q5　局地风如何产生巨大威力？

奇努克风是美国山区沿山坡下沉的干热风，常发生在冬季，奇努克是"食雪者"的意思。据了解，这种从落基山脉东坡上吹下来的温暖干燥的风一天能融化超过 30 厘米的雪。1918 年 2 月 21 日，一股奇努克风在北达科他州的格兰维尔移动，导致气温在短时间内上升了近 30℃。

奇努克风的威力很大，但当置于广阔的大气环流之中，它的影响范围和持续时间都十分有限。这种风主要由地形因素所诱发，因而被气候学家称为"局地风"。局地风是一种持续时间为几分钟到数小时，作用范围为 1～1 000 千米的小规模风。大多数局地风与地形变化或当地地表条件导致的温度和气压差有关。

回想一下，人们是根据风吹来的方向对其命名的。对局地风来说，这一原则也适用。因此，海风发源于水面，吹向陆地，而山风则从山上向下坡方向吹。

海风和陆风

在温暖的夏季，沿海地区的陆地在白天比邻近的水域更为炎热。因此，陆地表面上方的空气受热、膨胀、上升，形成一个低压区。由于水面上较冷的空气（高压）向温暖的陆地（低压）移动，海风便随之产生（见图 3-19a）。海风在中午前不久开始形成，一般在下午 3 点左右至傍晚时分达到最大强度。这些相对凉爽的风对沿海地区的午后气温有着显著的调节作用。大型湖泊沿岸也可形成小型海风。住在五大湖区附近城市（如芝加哥）的人，便可感受到这种湖泊效应，尤其是在夏天。天气预报每天都提醒着他们，与温暖的外围地区相比，湖边的温度更低。

在晚上，可能会发生相反的情况：陆地比海洋冷却得更快，此时陆风开始形成（见图 3-19b）。

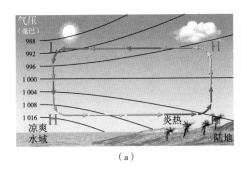

图 3-19　海风与陆风

图（a），白天，水面上较冷和密度较高的空气吹向陆地，产生海风。图（b），晚上，陆地比海水冷却得更快，产生了一种叫作陆风的离岸气流。

山风和谷风

在许多山区，每天都有类似于海风和陆风的风。在白天，山坡上的空气比谷底上方同一海拔高度的空气更热。因为这种温暖的空气密度较小，所以它会沿着斜坡向上移动，并产生谷风（见图 3-20a）。这些日间上坡风的出现通常可以通过在相邻山峰上形成的积云来识别。在温暖的夏季，它们还经常导致下午晚些时候出现雷阵雨。

日落后，模式可能会反转。沿着山坡的快速辐射冷却会在地面附近产生一层较冷的空气。因为冷空气比热空气密度大，所以会沿着山坡向下流入山谷。这种空气运动被称为山风（见图 3-20b）。在坡度很小的地方也会发生相同类型的冷空气流动。结果，最冷的气团通常出现在最低点。像其他风一样，山风和谷风也存在季节性。谷风在温暖的季节最常见，此时太阳加热最为强烈；山风往往在寒冷的季节更为常见。

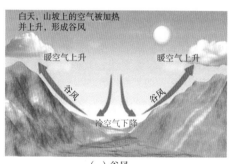
（a）谷风

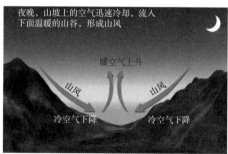
（b）山风

图 3-20　山风和谷风

奇努克风与圣安娜风

温暖干燥的风有时会沿着落基山脉的东坡向下移动，在那里它们被称为奇努克风（Chinook Winds）。这种风通常是在山区形成强气压梯度时产生的。当空气从山的背风坡下降时，会通过压缩而绝热升温。因为空气从迎风坡上升时，可能会发生凝结，释放潜热，所以从背风坡下降的空气将比在迎风侧相同高度时更温暖、干燥。虽然这些风的温度一般低于10℃，并不是特别暖和，但由于主要出现在冬季和春季，所以它吹到的地区气温可能低于冰点。因此，相比之下，这些干燥、温暖的风通常会带来巨大的温度变化。当地面有积雪时，这些风会在短时间内使其融化。

出现在加利福尼亚州南部的一种奇努克风被称作圣安娜风（见图3-21）。正如本章开篇提到的那样，这种干燥的热风大大增加了这一本来就较为干燥地区发生火灾的可能性。

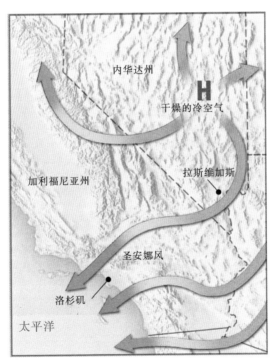

图 3-21 圣安娜风

这些风由充满凉爽干燥空气的高压区域驱动。当空气从高海拔向海岸移动时，绝热升温导致空气温度升高，相对湿度降低。

为了避免大风导致的灾难，观测风的方向和速度对气象观测者来说尤其重要。

风的测量

1996 年 4 月 10 日，热带气旋"奥利维亚"经过澳大利亚巴罗岛时，地面气象站记录的最高风速为 408 千米 / 时，打破了此前 372 千米 / 时的纪录。1934 年 4 月 12 日，位于新罕布什尔州华盛顿海拔 1 886 米的山顶天文台测量并记录了 372 千米 / 时这一风速。以前肯定出现过风速更高的情况，但当时没有相应的仪器将其记录下来。

有一种用于确定风向和风速的简单设备叫作风袋，这是小型机场和起降跑道上的常见标志（见图 3-22a）。锥形袋的两端均敞开，可随风向自由地变换位置。风袋的充气程度可以指示风速。

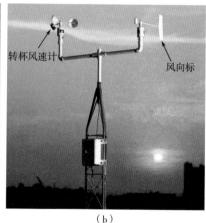

（a）　　　　　　　　　　　　　　　（b）

图 3-22　风的测量

图（a），风袋是用来确定风向和估计风速的装置。风袋在小型机场和飞机跑道上很常见。
图（b），风向标（右）和转杯风速计（左）。风向标显示风向，风速计测量风速。
资料来源：图（a），Lourens Smake/Alamy Stock photo；图（b），Belfort Instrument Company。

风总是以它吹来的方向命名。北风由北向南吹，东风由东向西吹。确定风向最常用的仪器是风向标（见图 3-22b 右上）。这种仪器在许多建筑物上都很常见，它总是指向风吹来的方向。风向通常显示在与风向标相连的刻度盘上。刻度盘通过指南针上的点（N、NE、E、SE 等）或 0° ～ 360° 的刻度来指示风向。其中，0° 和 360° 都表示北，90° 表示东，180° 表示南，270° 表示西。人们通常使用转杯风速计测量风速（见图 3-22b 左上）。风速是从一个像汽车速度表一样的表盘上读取的。风势稳定且风速相对较快的地方是适合开发风能的。

当从一个方向吹来的风比从其他方向吹来的风更频繁出现时，前者被称为盛行风。你对控制中纬度环流的盛行西风带应该已经很熟悉了。比如在美国，这些风不断将"天气"从西向东移动，穿过整个大陆。在这种向东的气流中嵌着高压和低压单元，伴随着它们特征性的沿顺时针和逆时针方向流动。因此，在地面上测量到的与西风带有关的风，在不同的日子里和不同区域通常会有很大不同。相比之下，与信风带相关的气流方向则更加一致（见图 3-23）。

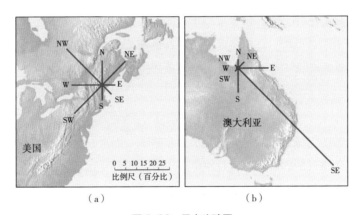

图 3-23　风向玫瑰图

图（a），美国东北部冬季的风频。图（b），澳大利亚东北部冬季的风频。请注意，与美国东北部西风相比，澳大利亚的东南信风更稳定。这些图显示了来自不同方向的风所占的时间百分比。

回想一下，地表的 70% 被海洋覆盖，这使得传统测量风的方法不太容易操作。漂浮数据浮标和海上船只的覆盖范围有限，但卫星获得的风数据的可用性极大地提高了天气预报的准确性。NASA 安装在国际空间站上用来测量海洋表面风速和风向的仪器就是典型的例子。它能提高天气预报的准确性，包括对飓风的监测。

高空风速和风向的测量也很重要。通过卫星图像来跟踪云团的运动就可以确定高空气流，而无线电探空仪（由雷达跟踪的无线电探空仪）可以帮助我们确定大气中不同高度的气流。全球风和气压系统的知识不仅可以帮助我们认识风的运行模式和预测风可能带来的自然灾害，还能辅助我们了解一个相对复杂的降水分布模式。

总的来说，受高压影响的地区具有下沉和向外扩散的风，会经历相对干燥的条件。相反，受低压影响的地区则伴随着辐合风和上升气流，会获得充沛的降水。赤道低压主导的热带地区是地球上降水最多的地区，这一事实便可说明这种模式。就是在这一区域，我们发现了南美亚马孙盆地和非洲刚果盆地的雨林。温暖潮湿的信风汇集在一起，产生了全年充沛的降水。相比之下，受副热带高压影响的区域降水明显偏少，会形成广袤的亚热带沙漠。在北半球，最大的沙漠是撒哈拉沙漠。在南半球，非洲南部的卡拉哈里沙漠和澳大利亚的干旱地区也受副热带高压影响。

如果地球的气压和风带是控制降水分布的唯一因素，全球降水分布的模式应该更加简单。空气的固有性质也是决定降水潜力的重要因素。由于冷空气吸收水分的能力比暖空气弱，因此我们可以预测降水会随纬度变化，低纬度地区的降水量更大，而高纬度地区的降水量更小。事实也的确如此，赤道地区降水丰富而高纬度地区降水稀少。温暖的亚热带出现的干旱主要受副热带高压的影响。

陆地和水域的分布也使降水模式更加复杂。在中纬度地区的大型陆地上，通常越深入内陆降水越少。例如，北美洲中部和欧亚大陆中部的降水量比同纬度的沿海地区的降水量少得多。山地屏障也会改变降水模式。迎风坡有丰富的降水，而背风坡和邻近的低地往往降水不足。

要点回顾

Foundations of Earth Science >>> ———————————————

- 气压是由上方空气的重量施加的力。随着海拔的升高，上方施加力的空气就越少，因此气压会随海拔升高而降低——一开始下降得很快，然后变慢。

- 由于地球自转，科里奥利效应会使风的路径发生偏转（在北半球向右偏，在南半球向左偏）。摩擦力在近地表会显著影响气流，而在几千米高度以上，其影响可以忽略不计。

- 由于低压中心的空气绝热上升并冷却，所以低压中心过境时常常伴随着多云和降水天气。在高压中心，下沉的空气被压缩且升温；因此，在反气旋中一般不可能出现多云天气和降水天气，通常预计会出现晴天。

- 如果地球的表面是均匀的，那么在每个半球都会存在 4 个自东向西的压力带。从赤道开始，这 4 个带分别是：赤道低压带，也叫热带辐合带；位于赤道两侧 25°～ 35° 的副热带高压带；副极地低压带，位于纬度 50°～ 60°；极地高压带，位于地球的两极附近。

- 局地风是由局部温度和气压差产生的小规模风。海风和陆风形成于沿海地区，是由陆地和水体之间的温度差异引起的。山风和谷风发生在山区，由山坡上方的空气与谷底上方相同海拔的空气的热量不同所产生。奇努克风与圣安娜风是温暖干燥的风，是由空气从山的背风侧下降并通过压缩而升温引起的。

Foundations
of Earth Science

04

强烈天气是如何发生的?

妙趣横生的地球科学课堂

- 夏季热浪和冬季寒潮是如何形成的?

- 冷空气和暖空气相遇会发生什么?

- 空中形似逗号的云层是什么?

- 为什么闪电会击中地面?

- 为什么龙卷风威力巨大?

- 我们能追踪到飓风的踪迹吗?

1925 年，名为"三州大龙卷"的龙卷风从密西西比州东南部开始，向东北方向穿越伊利诺伊州和印第安纳州，形成了一条 300 多千米长的龙卷风路径，造成至少 695 人死亡、2 027 人受伤，这是世界上有记录以来最大的一次龙卷风。2005 年，被称为世界上破坏力最强的飓风——"卡特里娜"飓风，袭击了美国路易斯安那州和密西西比州，导致新奥尔良市遭受了重大破坏，超过 1 800 人死亡。

龙卷风和飓风是最具破坏性的两种自然力量。每年春天，报纸上都会刊登很多有关龙卷风造成人员伤亡和财产损失的报道。夏末秋初，我们偶尔也会听到有关飓风的新闻报道。相比之下，雷暴则要常见得多，且没有龙卷风和飓风那样猛烈，但在本章关于灾害天气的讨论中，你仍会发现雷暴的身影。在了解剧烈的天气现象之前，先来介绍与日常生活关系最密切的天气现象：气团、锋面、移动的中纬度气旋，以此来了解前文讨论过的气象要素之间的相互作用。

Q1 夏季热浪和冬季寒潮是如何形成的?

许多生活在中纬度地区（包括美国大部分地区）的人，对又热又黏的热浪深有体会。这种闷热的天气会持续若干天，然后在一系列雷暴经过该地区后结束。在接下来的几天中，天气会变得比之前凉爽。在冬季，严寒而晴朗的天气往往会持续一段时间，然后被厚重的乌云和降雪所取代，当降雪结束后，气温又回升到了相对温和的水平。上述两个例子都是在一段时间的稳定后，天气在短时间内发生变化，然后重新建立稳定的过程。之所以产生这些现象，是因为气团的移动。

气团

气团是一团巨大的空气，直径通常可达 1 600 千米，厚度可达数千米，其主要特征是：同一高度、同一纬度的空气具有相似的温度、湿度以及稳定性。气团离开其发源地后，便会携带着原来的热量和水分，对一大片陆地造成影响。了解气团的概念十分重要，它与有关大气扰动的研究密切相关。大多数中纬度地区的扰动便源于气团的边界地带。

一个来自加拿大北部的干冷气团在向南移动时，气团初始温度为 -46℃，到达温尼伯时温度升高到 -33℃，并且在向南经过大平原到达墨西哥的过程中持续变暖。在整个南移过程中，气团一直在变暖，但它的确能给沿途带来当地最冷的天气。

气团移经一个地区可能需要几天的时间。这些地区在其影响下会经历一段相对稳定的天气，即气团天气。虽然在移经期间，该地区的天气也会有一些变化，但与气团更迭时的变化有很大不同。当然，气团的水平均匀性并不是完美的，这是因为气团延伸面积很广，各地之间在温度和湿度上肯定存在微小的差别。但是，与沿气团边界处的差异相比，气团内部的差别则显得微不足道。

发源地

当低层大气的一部分在相对均匀的表面上缓慢移动，甚至停滞在某一处时，大气会逐渐具有该地区的特点，尤其是在温度和湿度方面。使气团获得其温度和湿度特性的地区，被称为该气团的发源地。图 4-1 展示的是北美气团的众多发源地。

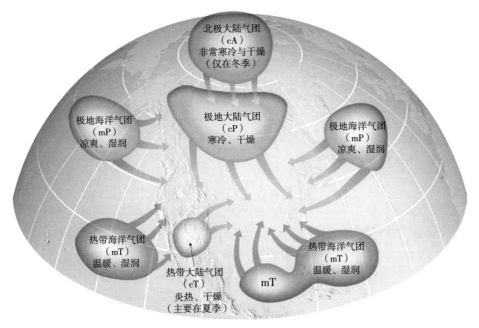

图 4-1　北美气团发源地

箭头显示了气团离开其发源地时所遵循的常见路径。

可以根据发源地对气团进行分类。极地气团（polar air masses，P）和北极气团（arctic air masses，A）起源于地球两极高纬度地区；在低纬度地区形成的气团则被称为热带气团（tropical air masses，T）。极地、北极、热带这几个修饰词指的是气团的温度特性。极地和北极代表寒冷，热带则代表温暖。

此外，还可以根据发源地的性质对气团进行分类。大陆气团（continental air masses，c）形成于内陆；海洋气团（maritime air masses，m）则发源于海洋。大陆和海洋这两个修饰词指的是气团的湿度特性。大陆气团比较干燥，海洋气团相对湿润。

按照这两种分类标准，气团的基本类型包括：极地大陆气团（cP）、北极大陆气团（cA）、热带大陆气团（cT）、极地海洋气团（mP）、热带海洋气团（mT）。

气团天气

极地大陆气团和热带海洋气团对北美的影响最大，尤其是在落基山脉以东。极地大陆气团发源于加拿大北部、阿拉斯加内陆地区和北极这些冬季寒冷、夏季凉爽、全年干燥的区域。在冬季，极地大陆气团的入侵会带来晴朗的天空和严寒天气，这通常与从加拿大南移至美国的寒潮相关；在夏季，这一气团会带来几天的凉爽，缓解之前的炎热天气。

一般来说，极地大陆气团不会引发暴雨。然而，秋末和冬季经过北美洲五大湖区的气团有时却会给背风的海岸地区带来降雪。这些局部的风暴形成时，地面天气图无法显示它们形成的主要原因。这便是湖泊效应雪。这种现象使布法罗、罗切斯特和纽约成为美国降雪量最大的几个城市（见图 4-2）。

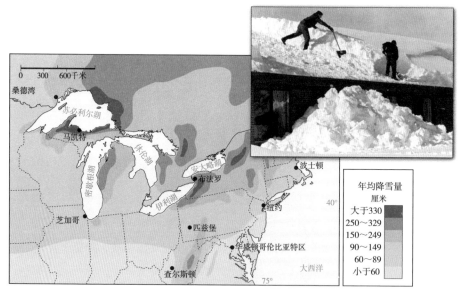

年均降雪量
厘米

| 大于330 |
| 250～329 |
| 150～249 |
| 90～149 |
| 60～89 |
| 小于60 |

图 4-2　降雪分布

在这幅降雪分布图上，可以很容易地看出五大湖区的降雪带（数据来自 NOAA）。1996 年 11 月，俄亥俄州沙普市降下一场长达 6 天的湖泊效应雪，降雪厚度达 175 厘米，创下该州的历史纪录。该图片拍摄于这场暴风雪之后。

资料来源：Tony Dejak/AP Images。

是什么导致了湖泊效应雪?在秋末冬初之际,湖泊和邻近陆地的区域温差非常大,尤其是极地大陆冷气团向南推进经过湖泊的时候。当无云的气团经过苏必利尔湖时,气团从温暖湿润的湖面获取大量的热量和水分,进而导致了云的形成。在极地大陆气团到达对岸之前,气团便已经变得湿润且不稳定,从而导致了强降雪和降水。图 4-3 说明了这个过程。注意,当寒冷的大陆气团从加拿大向南移动时,它在移动到苏必利尔湖之前是无云的。

图 4-3 湖泊效应暴风雪

这张卫星影像展示的是,一个干冷的极地大陆气团从加拿大发源地途经苏必利尔湖时,为此处带来湖泊效应暴风雪的景象。

资料来源:NASA。

对北美洲影响最大的热带海洋气团发源于墨西哥湾、加勒比海或者邻近大西洋中的温暖水域。这些气团温暖湿润,并且通常不稳定。美国东部 2/3 地区的大部分降水源自热带海洋气团。在夏季,当一个热带海洋气团到达美国东部和中部时(有时还可以到达加拿大南部),它会为这些地区带来气团的发源地所具备的典型的高温和高湿度特征。

剩下的两个气团是极地海洋气团和热带大陆气团,后者对北美的影响最小。高温、干燥的热带大陆气团产生于夏季美国的西南部和墨西哥地区,但只是偶尔影响发源地以外地区的天气。

在冬季，在太平洋北部形成的极地海洋气团的前身通常是来自西伯利亚的极地大陆气团。干冷的极地大陆气团在穿过北太平洋的过程中，逐渐转变为相对温和、潮湿、不稳定的极地海洋气团（见图4-4）。这一极地海洋气团到达北美西海岸时，通常伴随着低云和降水。气团继续前进，在内陆被山脉阻挡，因地形抬升而在山的迎风坡产生暴雨或暴雪。极地海洋气团也可以发源于加拿大东海岸附近的北大西洋洋面上。在冬季，如果新英格兰位于移动着的低压中心的北侧或西北侧，沿逆时针方向旋转的强风便会吸入周围极地海洋气团的空气。其结果便是产生东北风暴。东北风暴是一种以严寒和降雪著称的风暴（见图4-5）。

> **你知道吗?**
>
> 当一个快速移动的冷空气团从加拿大北极地区进入大平原北部时，温度会在短短几小时内骤降 20℃～30℃。一个值得注意的例子是，1916 年 1 月 23 日至 24 日，蒙大拿州布朗宁市的气温在 24 小时内下降了 55.5℃，从 6.7℃降至 -48.8℃。

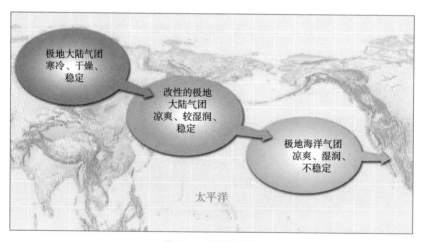

图 4-4　气团的改性

冬季，北太平洋的极地海洋气团的前身通常是西伯利亚的极地大陆气团，极地大陆气团在穿过海洋的过程中逐步改性成为极地海洋气团。

图 4-5　典型的东北风暴

这是一场东北风暴的卫星图像。2011 年 1 月 12 日，该风暴发生在新英格兰的海岸上。在冬季，强烈的东北风将北大西洋上冷湿的极地海洋气团带到新英格兰和邻近大西洋中部的各州。波士顿的风暴景象表明，充足的水分与强辐合共同发挥作用，可以形成暴雪。

资料来源：小图；NASA：Michael Dwyer/Alamy Stock Photo。

Q2　冷空气和暖空气相遇会发生什么？

通常情况下，不同气团之间的温度与湿度会有所不同，当两种温度、湿度等物理性质不同的气团（冷气团、暖气团）相遇，并产生相互作用时，它们之间会形成一条狭窄的过渡带，这便是锋面。

锋面可以在任何两个相遇的气团间形成。与大尺度的气团相比，锋面相对较窄，一般宽 15 ～ 200 千米，而且可能是间断的。在天气图上表示时，锋面极窄，可以用一条线表示。在地表上方，锋面倾斜的角度很小，因此较暖的气团可以覆盖在较冷的气团之上，这种现象被称为凌驾（见图 4-6）。在理想情况下，锋面两侧的气团具有相同的移动速率和方向，此时，锋面便犹如一个屏障，在相互连接的两个气团间移动。但一般来说，锋面一侧的气团会比另一侧的气团移动得更快。因此，气团之间的相遇通常是，一个气团积极地向另一个气团"推进"。

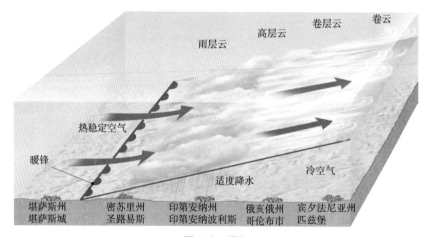

图 4-6　暖锋

这张图展现的是理想状况下与暖锋相关的云和天气。在一年中的大部分时间里，暖锋会在大范围内带来轻度到中度的降水。

其实，通过了解锋面一词的来源，我们就能更为直观感受到两个气团之间的相互"交锋"。事实上，"锋"这个术语是第一次世界大战期间由挪威气象学家所造，因为它类似于两支军队之间的战线。沿着这些"战线"，低压中心不断发展，并产生了中纬度地区的大部分降水和恶劣天气。当一个气团向另一个气团推进时，尽管锋面处会发生小规模的混合，但大多数情况下是一个气团沿着锋面抬升，并最终取代另一个，因此它会基本保持自己的特性不变。不管是哪种气团在推进，总是较冷（密度较大）的气团起着类似于楔子的作用，迫使较温暖（密度较小）的气团抬升，即"凌驾"。下面我们将会见到各种类型的锋面。

暖锋

当锋面位置的移动使暖气团占据了曾经被冷气团覆盖的区域时,这个锋面就是暖锋(见图 4-6)。在大气图上,暖锋的地表位置由一条红线来表示,并在红线上加上了朝向冷空气的红色实心半圆。

在落基山脉以东,温暖的热带空气通常从墨西哥湾进入美国,并凌驾于后退的冷空气之上。随着冷空气的后退,地面的摩擦力通常会使锋面的移动速度减慢,甚至小于暖空气向上抬升的速度。也就是说,密度较小的暖空气很难取代密度较大的冷空气。因此,暖锋的坡度很小,平均为 1∶200。也就是说,在锋面前 200 千米的地方,锋面的高度为 1 千米。

当暖空气上升到后退的冷空气楔面上时,它就会绝热膨胀并冷却,产生云和降水。图 4-6 展示的是典型暖锋的成云序列。暖锋来临的首个迹象是天空中出现卷云,这些卷云形成于锋面以前 1 000 千米甚至更靠前的地方,这时暖空气已经远远高于冷空气的楔面了。

随着的继续靠近锋面,卷云逐渐变成了卷层云,随后是更加厚重的高层云。在锋面前 300 千米的位置,更厚的层云和雨层云开始出现,降水和降雪也随之发生。由于移动速度慢、坡度小,暖锋通常会在大范围内产生长时间的轻度至中度降水。有时,当两侧气团温差特别大时,暖锋也会导致积雨云和雷暴。还有一种极端情况是:暖气团的湿度很小,因此暖锋经过时的天气现象并不明显,甚至难以被发现。

随着暖锋过境,气温逐渐升高。如果邻近的气团之间温差较大,这一升温将会非常显著。暖气团的湿度和稳定性在很大程度上决定了天气转晴所需的时间。在夏季,跟随暖锋而来的不稳定气团中还会形成积云,甚至积雨云。这些云会带来强降水,但通常较为分散,且持续的时间较短。

冷锋

　　当密度较大的冷气团积极地向暖气团推进时，气团之间的边界即为冷锋（见图 4-7）。像暖锋一样，地面摩擦力会使锋面前进的速度变慢，但不影响气团抬升的速度。与暖锋不同的是，基于相邻气团的相对位置，冷锋在前进过程中会变陡，平均坡度为 1∶100。此外，冷锋移动的速度高达 80 千米 / 时，比暖锋快了50%。移动速度和锋面坡度两方面的差异，是冷锋天气比暖锋的更剧烈的主要原因（见图 4-8）。

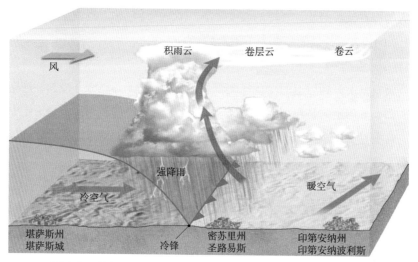

图 4-7　冷锋

图中显示的是快速移动的冷锋和积雨云。如果暖空气不稳定，可能发生雷暴。

图 4-8　雷暴

冷锋沿线的积雨云经常产生大雨、闪电，有时还会产生破坏性的冰雹和龙卷风。

资料来源：Robert Postma/Getty Images。

在天气图上，用一条蓝线来表示沿冷锋锋面的天气和强烈的温差，蓝线上的蓝色三角形朝向暖气团。

随着冷锋的靠近（对于美国，通常是从西侧或西北侧靠近），我们可以从远处看见高耸的云。靠近锋面处的乌云暗示了即将到来的天气。暖空气沿冷锋的抬升十分迅速，水汽凝结时快速释放大量潜热，又显著地增加了暖空气的上升趋势，产生成熟期的积雨云，随即带来狂风暴雨。冷锋产生的抬升量和暖锋大致相同，但由于水平距离较短，所以降水强度大且持续时间更短。此外，冷锋过境时还会伴随着显著的降温和风向改变，例如，由南风转变为西风或西北风。

冷锋锋面后的天气由下沉且较冷的气团所支配，所以锋面经过之后不久就会迎来晴朗天气。尽管下沉会使得空气压缩，进而绝热升温，但这实际上对地表温度影响非常小。冬季，冷锋过境后的夜晚往往无云，大量的地表辐射会使地表温度迅速降低。当冷锋移经相对温暖的区域时，地表辐射的加热作用会产生浅层对流，这又使得冷锋后方产生积云或层积云。

静止锋与锢囚锋

有时，锋面两侧气团的流动几乎与锋线平行，锋面的地表位置因此也不会移动，这时便形成了静止锋。在天气图上，锋线一侧为蓝色三角形，另一侧为红色半圆。

第四种锋面类型是锢囚锋，它是由活跃的冷锋赶超了前面的暖锋所形成的（见图 4-9）。当快速前进的冷空气从后方楔入前面的暖锋时，便在前进的冷空气与滑行的暖空气之间产生新的锋面。锢囚锋的天气情况往往非常复杂，大多数降水与暖空气的被迫抬升有关。但当条件合适时，锢囚锋也可以自发地产生降水。在天气图上，锢囚锋用紫色三角形和半圆形表示，它们都指向锋的前进方向。

锋面情况多变，对待与锋面相关的天气时也要非常谨慎。尽管前文的讨论会帮助你识别与锋面相关的天气模式，但仍要牢记，这些只是概括性的描述，任何一个锋面天气都不会完全符合这一理想化的描述。就像自然界其他许多方面一样，锋面并不像我们所希望的那样容易分类。

在本例中，冷锋后的空气比暖锋前的温度更低，密度更大

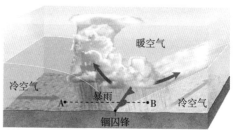

冷锋比其前方暖锋移动更快，最终超过了它，形成锢囚锋

密度较大的强冷空气迫使暖气团上升，并取代弱冷空气

图 4-9　锢囚锋形成的三个阶段

Q3　空中形似逗号的云层是什么？

我们在天气预报或是相关气象节目中，有时可能会看到一个形似巨大的逗号的云层，并以旋涡的形式在天空中移动，它们被称为中纬度气旋。由于中纬度气旋所出现的区域往往是世界上人口密集地区和农业地区，常常对相关区域的天气产生影响，因此也成为各方研究的目标。到目前为止，我们已经研究了天气的基本要素以及大气运动诸多的动力学因素。现在，我们将应用各个领域的知识，来解释中纬度地区的天气现象。

在美国，中纬度地区指的是佛罗里达州南部和阿拉斯加州之间的地区。在这一区域，天气变化的主要原因是中纬度气旋，在天气图上用 L 表示，意为低压系统。图 4-10 展示的是两种不同视角下理想的大型中纬度气旋,以及可能相关的气团、锋面和地面风向,它常常带来大范围的降水和风力增强等天气现象,有时还会引发洪涝、雷电、冰雹等极端天气事件。

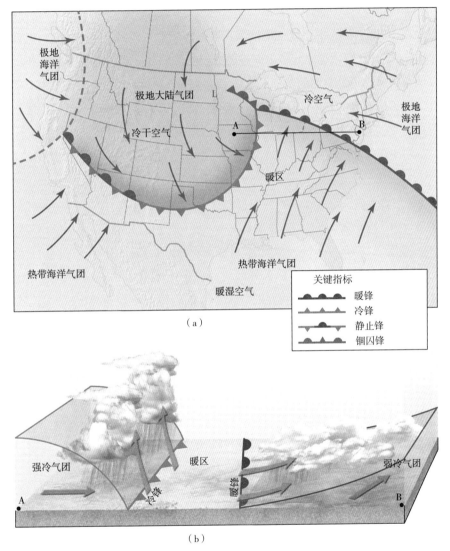

(a)

(b)

图 4-10 成熟的大型中纬度气旋的理想结构

图(a),这张图为地图平面视角,展示的是锋面、气旋和地面风风向。图(b),这张图为三维视角,展示的是沿 AB 连线的冷锋和暖锋剖面。

以美国为例，中纬度气旋的中央是巨大的低压中心，它们大体上自西向东移动。这一天气系统可持续几天甚至一周以上，具有逆时针环流结构，气流向中间汇聚。大多数中纬度气旋具有从中央低压区延伸出来的冷锋，并且经常会有暖锋。气流的辐合、有力的抬升会引发云的发育，产生充沛的降水。

早在 19 世纪初，中纬度气旋就以其导致的降水和恶劣天气而闻名，但直到 20 世纪，科学家们才建立起较为完整的分析气旋形成方式的模型。1918 年，一群挪威科学家在近地观测的基础上建立了这一模型。随后，随着对流层中上层数据和卫星影像数据的获取，这一模型被不断改进。至今，该模型仍然是用来解释天气的重要工具。如果你能牢记这一模型，就能理解你所看到的大部分天气现象。你将不仅能在无序的现象中发现规律，甚至还能预测未来的天气。

理想的中纬度气旋天气

中纬度气旋模型是研究中纬度地区天气模式的有力工具。图 4-11 说明了云的分布，并展示了与成熟天气系统相关的可能降水的地区。将这幅图与图 4-12 比较，就很容易理解我们把中纬度气旋比作"逗号"的原因。

在西风带的引导下，气旋会自西向东移动穿过美国，所以最先会在西部地区看到它们的迹象。但是在密西西比河流域，气旋经常会转而向东北移动，有时甚至向正北移动。典型的中纬度气旋完全穿过一个地区需要 2 天甚至更久。在这一短暂的时期内，天气会急剧变化，尤其是在冬季和春季，因为此时中纬度地区的温差达到了最大。

以图 4-11 为例，我们来考虑天气的影响因素，以及中纬度气旋途经某一地区时产生的效果。为了方便讨论，图 4-11 选取了沿线段 FG 与 AE 的剖面图。

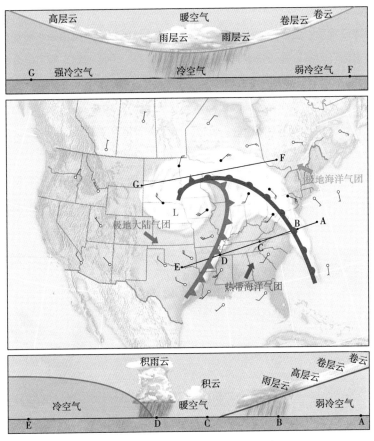

图 4-11 成熟中纬度气旋的成云模式

中间那幅图是地图视图。上面标注出了两条线段（FG 和 AE）。上面的那幅图是沿线段 FG 的垂直剖面；下面那幅图是沿着线段 AE 的垂直剖面图。

· 想象沿着 A-E 剖面的天气变化。在 A 点，高卷云是气旋到来的最初迹象。这些高云在锋面到达前 1 000 千米甚至更远的地方形成。伴随而来的通常是气压的逐渐下降。随着暖锋的推进，云层逐渐变低、增厚。

· **在卷云出现后的 12 ~ 24 小时，轻度降水开始在 B 点处发生。** 随着锋面进一步靠近，降水量增加，温度也逐渐升高，风向从东、东南变为南、西南。暖锋通过后，该地区就会被热带海洋气团所暂时控制。通常，在这部分气旋的影响下，该地区的气温会上升，风向为西南，湿度较高，天空可能是晴朗

147

的或出现积云。

· **暖锋过境后，温暖湿润的天气很快就会被冷锋带来的阵风和降水所取代。**厚重的乌云是冷锋，快速逼近的标志（D 点），冷锋的到来很可能会伴随着暴雨、冰雹，甚至偶尔会出现龙卷风等恶劣天气，尤其是在春季和夏季。冷锋过境这一事件很容易被风向的改变所揭示——西南风被西风或西北风所取代，并且气温明显下降。此外，气压的升高也说明锋面后凉爽、干燥的空气正在下沉。

· **锋面过境后，由于更冷的气团控制了该地区，**天空放晴（E 点），在另一个中纬度气旋到来之前，天空将几乎无云。

图 4-12　成熟中纬度气旋的卫星图像

从这幅图中，我们很容易理解中纬度气旋与"逗号"在形状上的相似性。

资料来源：NASA。

风暴中心以北，沿着图 4-11 的 F-G 剖面，盛行着一系列明显不同的天气状况。在这里，气温保持凉爽。低压中心靠近的第一个迹象是气压降低和乌云的增多，这会带来不断变化的降水。冬季，气旋常常为这一地区带来降雪，而春季则带来暴雨。

一旦锢囚锋形成，风暴的特征就开始发生变化。因为与其他锋面相比，锢囚锋移动更慢；人字形锋面结构还会沿逆时针方向旋转，使锢囚锋看起来"向后弯曲"，从而进一步增加锢囚锋在该地区停留的时间，因此导致更大的灾难。

高空气流的作用

在早期对中纬度气旋进行的研究中，人们对于对流层中部及上部空气流动的本质还知之甚少。此后，人们逐渐发现地表扰动和高空气流之间有着密切联系。高空气流在维持气旋与反气旋环流过程中起着重要的作用。事实上，更多时候，旋转的表面风力系统正是由上层空气流动引起的。

回想一下，气旋（低压系统）周围的空气流动是向内的，这正是导致气流辐合的原因（见图4-13）。由此出现某一区域内空气流入量多于流出量的气流辐合，这必然伴随着地表压的相应增加。这在理论上会导致低压系统的"快速"充填，从而消散。但事实却恰恰相反，气旋通常可以维持一周以上。要做到这一点，地面的空气辐合需要被高空的气流辐散抵消（见图4-13）。只要高空气流的流出量大于或等于地表空气流入量，低气压和伴随的辐合风就能够得到维持。

因为气旋是暴风雨天气的源头，所以它比反气旋更受重视。但两者之间存在密切联系，因此很难将有关两个压力系统的一切讨论区分开。例如，孕育气旋的地面气流通常源自反气旋中流出的空气，所以典型的气旋与反气旋通常是相邻的。和气旋一样，反气旋环流也借助高空的空气流动来维持。地面的气流辐散通过高空的气流辐合和空气柱的下沉实现平衡（见图4-13）。

到目前为止，我们了解了中纬度气旋，它在引发日常天气变化方面起着重要作用。然而，"气旋"一词的使用经常令人感到困惑。对许多人来说，这一术语只意味着强烈的风暴，比如飓风或龙卷风。举个例子，当飓风猛烈袭击印度或澳大利亚时，在媒体报道中通常使用的词是气旋，此时这一术语指的是该地区的飓风。

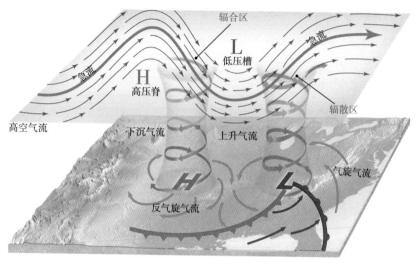

图 4-13　高空气流影响地面风和气压

该图描绘了理想情况下高空气流辐散与辐合对地表气旋与反气旋环流的支持作用。一方面，高空气流辐散引发空气向上运动，导致地表气压下降，从而产生气旋气流。另一方面，高空气流辐合引发空气柱下沉，地表气压上升，从而形成反气旋气流。

与此类似，在某些地区，气旋指的是龙卷风，在美国大平原地区，这一使用习惯更是非常普遍。艾奥瓦州立大学运动队的名字正是旋风队（见图 4-14）。

事实上，虽然龙卷风和飓风是气旋，但大多数气旋并不是龙卷风或者飓风。气旋一般指任何低压中心周围的环流，不管它有多大或多强，我们都将其称作气旋。在本章后面的内容中，我们将进一步探索龙卷风、飓风等恶劣天气。

○────── 你知道吗? ──────○

　　温带气旋（extratropical cyclone）是气象学家对中纬度气旋的别称。extratropical 的意思是"热带以外"。相比之下，形成于低纬度的飓风和热带风暴就是热带气旋的例子。

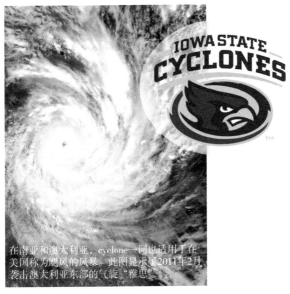

在南亚和澳大利亚，cyclone一词也适用于在美国称为飓风的风暴。此图显示了2011年2月袭击澳大利亚东部的气旋"雅思"。

图 4-14　"气旋"的含义

有时气旋一词的使用会令人感到困惑。在大平原的部分地区，气旋（cyclone）是龙卷风（tornado）的同义词。艾奥瓦州立大学运动队的名字就是"旋风队"。艾奥瓦州立大学是唯一一所使用气旋作为队名的一级学院。队伍的图标结合了吉祥物（一支名为 Cy 的红雀）和旋风队的名字，以更好地展示学校的形象。

资料来源：NASA。

Q4　为什么闪电会击中地面？

自 20 世纪 80 年代末以来，在美国范围内实时探测云到地（cloud-to-ground）闪电已成为可能。自 1989 年以来，美国国家闪电探测网在毗连的 48 个州内平均每年记录到约 2 500 万次云到地闪电。此外，大约一半的闪电都有一个以上的地面击点，因此平均每年会击中 4 000 多万个地面点。云层内的闪电大约是到达地面的闪电数量的 5 ～ 10 倍。

从云到地的闪电往往伴随着恶劣的天气，其中就有雷暴。恶劣天气比日常天气现象更吸引人。剧烈雷暴所产生的闪电和雷鸣是令人恐惧和敬畏的壮观现象。当然，飓风和龙卷风也吸引了人们大量的关注。一次龙卷风或者飓风的暴发可能会造成许多人死亡和数十亿财产的损失。一般来说，美国每年会经历数千次雷暴、数百次龙卷风和若干次飓风。

恶劣天气给人们带来各种伤害与损失往往难以避免，这也使其相较日常天气现象更吸引人们进行深层的观察与探索。接下来，我们将研究三种与低压系统（气旋）有关的恶劣天气，即雷暴、龙卷风和飓风，探索它们的来龙去脉。首先我们将目光聚集在雷暴上。

雷暴的特征

经历过雷暴的人，想必对当时的情景还历历在目。天空瞬间变得昏暗，乌云密布。紧接着，闪电划破天际，瞬间照亮了整个天空。雷声隆隆，雨点倾泻而下，将整个世界笼罩在其中。有时，冰雹也会随着雷暴降落，狠狠地砸在地面上。

雷暴是人们非常熟悉的天气事件，大多数人都能将雷暴与龙卷风、飓风和中纬度气旋区分开来。与后面几种风暴的空气流动不同，和雷暴相关的环流最显著的特点是空气的剧烈上下运动。雷暴附近的地面风并不会像气旋一样内向螺旋，它们通常是多变的阵风。

雷暴既可以独立于气旋而形成，也可以与气旋相伴而生。例如，雷暴经常沿着中纬度气旋的冷锋产生，在少数情况下，龙卷风可以从雷暴的积雨云塔中下降形成。飓风也可以造成广泛的雷暴活动。所以，雷暴在某种程度上与这里提到的所有三种类型的气旋都有关。

雷暴发生的条件

也许你曾在炎热的天气里看到尘土在开阔田野的高空旋转飞扬，又或许曾见过小鸟借助无形的上升热空气而毫不费力地向天空滑翔。这些例子都说明了在雷暴发生过程中，大气动态的热力不稳定性。

雷暴是产生闪电和雷鸣的风暴。它还经常产生阵风、暴雨和冰雹，还可能有龙卷风。雷暴可能只由单个积雨云产生，并且只影响范围很小的地区，但也可能与覆盖范围很广的积雨云团有关。

当温暖潮湿的空气在不稳定环境中上升时，雷暴就会形成。孕育雷暴的积雨云源自空气的上升运动。这可以由各种机制触发，其中一种机制是地表受热不均，这会极大地促进气团雷暴的形成。这些雷暴与分散的膨松积雨云有关，而这些积雨云一般在热带海洋气团内部形成，并且在夏季会产生分散的雷暴。这种雷暴通常"生命"短暂，很少伴随强风或冰雹。

还有一种类型的雷暴形成于锋面或山坡，这不仅源自地表受热不均，还和暖空气的抬升有关。此外，高空的辐散风经常会促使这些雷暴的形成，因为它会从低处向上吸引空气。这种类型的雷暴可能会产生大风、破坏性的冰雹、山洪和龙卷风，常被称为强雷暴。

地球每时每刻大约有 2 000 场雷暴发生。正如我们料想的那样，多数雷暴形成于热带地区，那里总是存在温暖、水分充沛且不稳定的环境。世界上每天约会出现 45 000 场雷暴，每年总共出现超过 1 600 万场。这些雷暴形成的闪电每秒袭击地球 100 次。美国每年会遭受大约 10 万场雷暴和上百万次闪电的袭击。

图 4-15 表明雷暴在佛罗里达州和墨西哥湾东部沿岸地区的热带海洋气团中发生得最频繁，每年有 70 ～ 100 天会发生雷暴。科罗拉多州和新墨西哥州位于落基山脉东侧的地区则排名次之，每年约有 60 ～ 70 天会发生雷暴。美国西部边缘地带几乎没有雷暴活动，因为那里的空气很稳定。北方各州和加拿大也是如此，因为温暖、湿润、不稳定的热带海洋气团很难抵达那里。

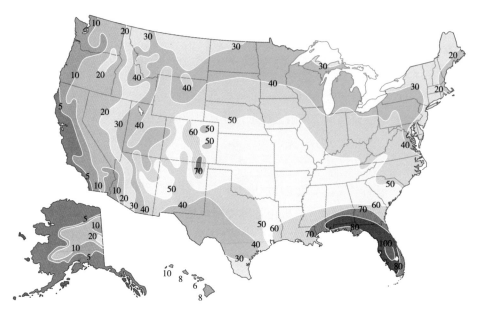

图 4-15　每年发生雷暴的平均天数

热带海洋气团所在或途经的地区受到的雷暴最多，而较冷和较干燥的地区受到的雷暴要少得多。

雷暴发展的各个阶段

　　所有雷暴的形成都需要温暖湿润的空气，以释放足够的潜热为上升的空气提供动力。这种不稳定性和上升动力是由许多不同的过程触发的，但大多数雷暴的形成和发展过程都是类似的。

　　地面的高温会增加大气的不稳定性和上升的趋势，所以雷暴更常出现在下午或者傍晚。但仅靠地表加热不足以产生高耸的积雨云。地面加热产生的上升热空气团至多只能产生一个小型积雨云，在 10 ~ 15 分钟内就会蒸发。

你知道吗？

　　因为闪电和雷声同时发生，所以你可以估计雷击发生的距离。闪电是在瞬间被看到的，但声音的传播速度较慢（340 米 / 秒），雷声稍后才到达我们这里。如果在闪电出现 5 秒钟后听到雷声，则闪电发生在 16 千米之外。

（a）   （b）

图 4-16　积云的发展

图（a），上升空气所携带的热量经常产生晴天积云，这些云不久后就以蒸发的形式进入周围空气，使空气更加潮湿。随着积云不断形成、蒸发，当空气湿度增加到一定程度后，新形成的云不再蒸发，于是云不断积累增大。图（b），8 月，这个发展中的积雨云最终导致了伊利诺伊州中部地区的雷暴。

　　要形成垂直厚度达 12 千米（偶尔可达 18 千米）的积雨云，需要潮湿空气的持续供应（见图 4-16）。每一股新的热空气都会上升得比上一次高，从而使云的高度增加（见图 4-17a）。有时这些上升气流的速度可以超过 100 千米 / 时。空气流速的评估基于上升气流能够携带的冰雹的大小。通常在 1 小时内，累积的降水就会超出上升气流的支撑能力，最终在云中局部形成下沉气流，释放强降水。这是雷暴最活跃的阶段，伴随阵风、闪电、暴雨，有时还有冰雹（见图 4-17b）。

　　最终，下沉气流在云层中占据主导，暖湿空气逐渐停止上升。降水的冷却作用，加上高空冷空气的涌入，标志着雷暴活动的结束（见图 4-17c）。一个典型的积雨云团在雷暴复合体中的寿命只有 1 小时，但随着风暴的移动，水分充沛的暖空气可以持续供应，产生新的云团，补充消散的部分。

> 你知道吗？
>
> 　　根据美国国家气象局的数据，大约 10% 的雷击受害者会死亡，90% 的人存活。然而，即便幸存下来，雷击带来的严重伤害会伴随许多人一生，甚至导致终身残疾。

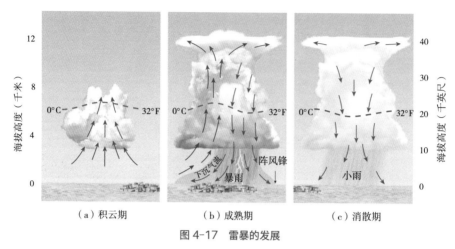

（a）积云期　　　（b）成熟期　　　（c）消散期

图 4-17　雷暴的发展

一旦云团超过了凝结高度，就开始通过贝吉龙过程产生降水。最终，累积的降水超出上升气流的
支撑能力，下降的雨水拖曳空气形成下沉气流。一旦下沉气流占据主导，降水减少，云层开始消散。
图（a），在积云阶段，强上升气流中的水蒸气凝结形成云。图（b），成熟阶段是最强烈的阶段，
不仅有暴雨，还可能有小冰雹，同时存在下沉气流与上升气流。图（c），当上升气流消失时，降
水就会减少，然后终止。如果没有来自上升气流的水分供应，云就会蒸发掉。

Q5　为什么龙卷风威力巨大？

　　在讲解这部分内容之前，我们先短暂地回到 2019 年。2019 年 3 月
3 日，6 小时内，40 多场龙卷风席卷了美国南部部分地区。其中，破坏
力最强的是改进型藤田级数为 4 级的龙卷风。它席卷了亚拉巴马州利县
（见图 4-18）。龙卷风的速度高达 274 千米 / 时，宽度接近 1.6 千米，
其毁灭之路长达 40 千米。这场风暴夺取了很多人的生命，是美国 6 年
来最致命的龙卷风。

　　龙卷风，有时又被称为旋风，是一种剧烈的风暴，以旋转的空气柱（或从积
雨云向下延伸的涡旋）的形式出现。据估计，一些龙卷风内部的气压比风暴外低
10%。由于漩涡中心的气压低得多，地面附近的空气从四面八方涌进龙卷风。空
气向内流动时会围绕龙卷风中心盘旋上升，直到它最终与积雨云塔深处的母雷暴

气流合并。由于气压的迅速下降，被吸入风暴的空气膨胀并迅速绝热冷却。如果空气冷却至露点温度以下，由此导致的凝结会产生黑云，使天空变暗。地上的碎屑会被卷至空中。图 4-19 给出了一个例子。有时，向内旋转的空气相对干燥，不会形成冷凝的漏斗云。

图 4-18 龙卷风给亚拉巴马州利县带来的破坏

2019 年 3 月 3 日，靠近佐治亚州边境的亚拉巴马州东部部分地区被改进型藤田级数为 4 级的龙卷风摧毁（见表 4-1）。

资料来源：Cavan Images/Alamy Stock Photo。

图 4-19 冷凝和碎屑使龙卷风变得可见

龙卷风是剧烈旋转的接地空气柱。空气柱在含有冷凝物或灰尘、碎屑时是可见的，通常这两类物质都在其中。当空气柱在高空，不产生破坏时，其可见部分被称为漏斗云。

资料来源：Jason Persoff Stormdoctor/Cultura RM Exclusive/Getty Images。

一个龙卷风可能由单个涡旋组成，但许多较强的龙卷风具有多个围绕主涡旋旋转的小旋涡，被称为抽吸涡旋（见图 4-20）。抽吸涡旋的直径只有 10 米，并且旋转速度非常快。这种结构解释了一种偶尔可以见到的现象：龙卷风经过后，一座建筑几乎被完全摧毁，而十米开外的另一座建筑却完好无损。

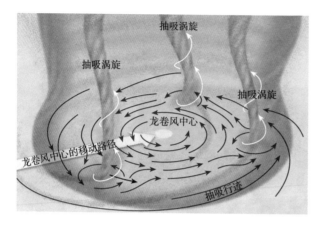

图 4-20　多涡旋龙卷风

一些龙卷风有多个抽吸涡旋。这些小而密集的涡旋直径大约10米，并且绕着龙卷风中心沿逆时针方向旋转。因为这种多涡旋结构，可能导致一栋建筑被严重损坏，而10米之外的另一栋建筑可能几乎不受破坏。

龙卷风概述。 龙卷风平均直径为150～600米，移动速度约45千米/时，移动路径的长度约26千米。因为龙卷风通常位于冷锋锋面之前很近的地方，处于西南风区，所以大多向东北方向移动。美国每年报道的成百起龙卷风当中，超过一半强度弱且持续时间短。多数小型龙卷风持续时间不超过3分钟，移动距离很少超过1千米，宽度小于100米，典型风速为150千米/时或更低。此外，也存在罕见的能够长期存在的猛烈龙卷风。尽管大型龙卷风只占很少的比例，但它们造成的破坏常常是毁灭性的。这样的龙卷风持续时间往往超过3小时，能够对长度超过150千米、宽度超过1千米的区域造成连续的破坏，最大风速超过480千米/时。

> **你知道吗？**
>
> 根据美国国家气象局的数据，在2005年至2019年的15年间，龙卷风平均每年夺走91人的生命。每年的死亡人数差异很大，低至2018年的10人，高至2011年的553人。

龙卷风的形成和发展

龙卷风的形成与强烈的雷暴有关，这些雷暴能够产生狂风、强降水（甚至暴雨）和具有破坏性的冰雹。幸好，这种能够产生龙卷风的雷暴发生的概率不到 1%。

在产生恶劣天气的情况下，包括冷锋和热带气旋（飓风），都有可能形成龙卷风。最猛烈的龙卷风通常与被称为超级单体的巨大雷暴有关。在强雷暴情况下，龙卷风形成的先决条件是中气旋的发展。中气旋是一个垂直的旋转空气柱，通常直径为 3 ～ 10 千米，在强雷暴的上升气流中发展起来（见图 4-21）。这种大涡旋的形成往往比龙卷风的形成早 30 分钟左右。

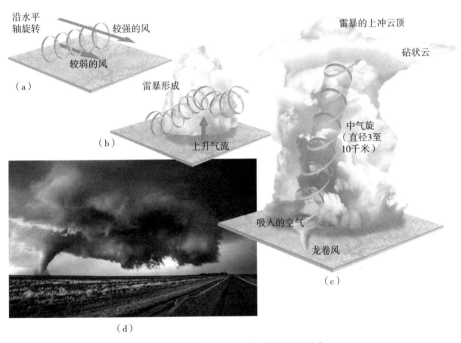

图 4-21 中气旋预示着龙卷风的形成

图（a），高空风速大于地面（这种现象被称为风速切变），从而产生绕水平轴的转动。图（b），强雷暴上升气流使水平旋转空气柱逐渐倾斜，直至几乎垂直。图（c），中气旋，即垂直的旋转空气柱，开始形成。图（d），如果形成龙卷风，它将从中气旋下部缓慢旋转的云墙中下降。

资料来源：Ryan McGinnis/ Getty Images。

有中气旋形成并不意味着龙卷风一定会出现，大约只有一半的中气旋能够产生龙卷风。天气预报也无法事先确定哪些中气旋会产生龙卷风。

　　一般大气条件。 与强雷暴的形成条件一样，龙卷风的形成通常沿着中纬度气旋的冷锋锋面，或者与图 4-21d 中的超级单体雷暴有关。在春季，与中纬度气旋有关的气团之间的差异最有可能达到最大。来自加拿大的极地大陆气团寒冷干燥，而来自墨西哥湾的热带海洋气团却温暖湿润且不稳定，两个具有鲜明差异的气团相遇后，会产生更为剧烈的风暴。这两种截然不同的气团最有可能在美国中部相遇，因为没有天然屏障将向赤道移动的极地气团与离开墨西哥湾向北移动的潮湿热带气团分隔开，所以美国中部孕育了这个国家甚至世界上最多的龙卷风。图 4-22 展现了美国在近 27 年内龙卷风的发生情况，这也验证了上述事实。

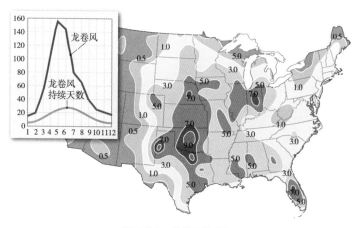

图 4-22　龙卷风的发生

地图显示了 27 年内，每 26 000 平方千米的土地上平均每年的龙卷风发生率，
左侧图显示了美国每月龙卷风平均发生次数和龙卷风天气的平均天数。

　　龙卷风气候学。 每年龙卷风实际发生次数的差异很大，2014 年发生的次数为 886 次，而 2004 年发生次数高达 1 819 次。

　　美国每个月都会有龙卷风发生，尤以 4 月至 6 月这一阶段发生频率最高，在 12 月和 1 月，龙卷风出现最少（见图 4-22）。

龙卷风的破坏和生命损失

龙卷风的破坏潜力很大程度上取决于风暴所产生的风的强度。龙卷风能产生自然界最强的风，所以常常带来许多意想不到的现象，比如使一根稻草穿过一块厚木板，或者将一棵大树连根拔起。尽管普通的风似乎不可能造成如龙卷风一般的破坏，但在工程设备上进行的实验一再证明，速度超过320千米/时的风能够做到许多不可思议的事情（见图4-23）。

⸻ 你知道吗？ ⸻

龙卷风常常被列为最危险、最具破坏性的自然灾害。1925年3月18日发生了一场"三州龙卷风"。龙卷风从密苏里州东南部开始，在地面上的路径长度达352千米，接着横扫伊利诺伊州南部，最后在印第安纳州结束，共造成695人死亡，2 027人受伤，造成的财产损失也很大，几个小城镇几乎全部被毁。

（a）   （b）

图4-23 龙卷风带来世界上最强的风

图（a），1999年5月发生在俄克拉何马州布里奇克里克市的龙卷风的力量能够将金属缠在树上。图（b），1999年5月4日，在俄克拉何马州的布里奇克里克市，龙卷风过境后，一辆卡车的残骸缠绕在了树上。
资料来源：图（a），HECTOR MATA/AFP, Getty Images；图（b），LM Otero/AP Images。

龙卷风造成的损失大多与袭击城市地区或摧毁整个小社区的几场风暴有关。这种风暴造成的破坏程度在很大程度上（并非完全）取决于风的强度。龙卷风的强度、范围和寿命的变动范围很大，通常用改进型藤田级数作为评价指标（见表4-1）。改进型藤田级数是通过评估风暴带来的最严重的破坏来确定的。虽然被广泛使用，但改进型藤田级数仍有缺陷。这种方式仅仅根据破坏情况来估计龙卷风强度，而忽略了龙卷风所袭击物体的结构完整性。一座结构良好的建筑可以承受高强度的风，而结构差的建筑可能会被更弱的风摧毁。

表 4-1　改进型藤田级数表 [a]

级数	风速（千米 / 时）	破坏
0	105 ～ 137	轻度灾害。壁板和房瓦部分损坏
1	138 ～ 177	中度灾害。屋顶受损严重，风将树木连根拔起，推翻单一宽度式移动房屋，旗杆弯曲
2	178 ～ 217	较大灾害。大多数单一宽度式移动房屋，永久住宅地基晃动。旗杆倒塌，针叶树外皮受损
3	218 ～ 265	严重灾害。阔叶树外皮受损。大多数房屋被毁
4	266 ～ 322	灾难性灾害。良好结构的住宅和大部分校舍被完全破坏
5	大于 322	无法估量的灾害。中高层建筑结构显著变形

a 最原始的藤田级数于 1971 年由气象学家藤田哲也（T. Theodore Fujita）提出，并于 1973 年投入使用。改进型藤田级数是 2007 年 2 月投入使用的修订版。风速是基于破坏程度进行估计的（并非通过测量得到），代表了损害点处持续 3 秒的阵风的强度。

龙卷风造成的绝大部分破坏是因为强烈的风，但人员伤亡主要源自空中飞行的碎片。会造成死亡的龙卷风所占的比例很少，大多数年份，美国所有被报道的龙卷风中，造成生命损失的少于 2%。虽然比例小，但是每一次龙卷风都可能是致命的。将龙卷风造成的死亡人数和风暴强度进行比较时，我们会得到一个反差极大的结果：大多数（63%）龙卷风强度弱（改进型藤田级数为 0 级或 1 级），龙卷风数量随着强度的增加而减少，但死亡人数的分布恰好相反。猛烈的龙卷风（改进型藤田级数为 4 级或 5 级）数量只占 2%，造成的死亡人数却将近 70%。

龙卷风预报

强雷暴和龙卷风范围小且寿命相对短暂，因此它们都是最难精确预报的天气现象之一。但是，这种风暴的预报、发现和过程监测是专业气象学家为人们提供的最重要的服务之一。及时发布预警对于保障生命财产安全至关重要。

位于俄克拉何马州诺曼县的风暴预报中心是美国国家气象局和国家环境预测中心的下属部门。风暴预报中心的任务是对强雷暴和龙卷风提供及时和准确的预报,并进行严密的监测。

强雷暴预报每天都会发布数次。第一天的预报确定未来 6 ~ 30 小时可能会受到强雷暴影响的区域,第二天的预报将预测时限延长一天。这两天的预报都要描述预测的恶劣天气的类型、覆盖范围和强度。许多地方气象局也会发布恶劣天气预报,对该地区上未来 12 ~ 24 小时内可能发生的恶劣天气进行预测性描述。

龙卷风预警和警报。龙卷风预警是提醒人们注意一定时间间隔内在特定区域发生龙卷风的可能性。预警能够进一步确定恶劣天气预报区域。一次典型的预警覆盖范围约 6 5000 平方千米,持续 4 ~ 6 小时。预警机制通常只发布预计会对广泛的地区造成影响的恶劣天气事件,比如影响范围至少 26 000 平方千米、持续时间超过 3 小时的龙卷风威胁。如果龙卷风被认为是孤立的或"寿命"很短,通常不发布预警。

龙卷风预警是为了提醒人们有发生龙卷风的可能性,而龙卷风警报是当某一地区或者气象雷达观测到龙卷风后由地方气象局发布的。它是对迫在眉睫的危险发出的警告,其范围比预警小得多,通常只是一个县或几个县的一部分。此外,龙卷风警报的有效期短,通常只有 30 ~ 60 分钟。由于龙卷风警报必须基于目击确认,所以偶尔会在龙卷风已经发展起来之后才发布。不过多数警报是在龙卷风形成之前发布的,有时还会提前几十分钟,这主要是基于多普勒雷达数据或目击发现漏斗云。

如果知道风暴的移动方向和大致速度,我们就能大致估计出龙卷风最可能的移动路径。因为龙卷风的移动不稳定,所以警报区是从龙卷风发现地点起沿风向扩散的扇形区域。随着科技发展和预报手段的日益完善,过去 50 年中由于龙卷风导致的死亡人数明显下降。

多普勒雷达。曾经对龙卷风预报准确性的限制正逐渐被多普勒雷达技术的进步所消除。多普勒雷达除了执行与常规雷达相同的任务外，还能直接探测目标的运动情况（见图 4-24）。多普勒雷达可以探测中气旋的初始形成及随后的发展，还可以探测雷暴下部先于龙卷风发展的剧烈旋转的风力系统。几乎所有中气旋都会产生破坏性的冰雹、强风或龙卷风。其中能够产生龙卷风的（约占 50%），可通过它们更强的风速和更尖锐的风速梯度来辨别。

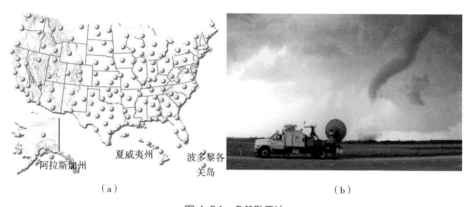

阿拉斯加州　　夏威夷州　　波多黎各
　　　　　　　　　　　　关岛
（a）　　　　　　　　　　（b）

图 4-24　多普勒雷达

图（a），美国的多普勒雷达站点。你可以通过一些网站来查看美国国家气象局当前的多普勒雷达显示的内容。图（b），便携式多普勒雷达更加方便，可供研究人员对恶劣天气事件的现场进行研究。资料来源：图（b），NOAA。

多普勒雷达的优点很多。作为一种研究工具，它不仅提供龙卷风的形成数据，还能帮助气象学家对雷暴的发展、飓风的结构和动力学、困扰飞机的气流扰动灾害形成新的见解。作为龙卷风探测的实用工具，多普勒雷达显著提高了追踪雷暴和发布警报的能力。

应当指出，并非所有会产生龙卷风的风暴都有清晰的雷达信号，并且其他风暴也可能给出错误的雷达信号。因此，龙卷风探测有时是一个主观的过程，一个给定的状况可以有不同的解读方式，所以训练有素的观察员仍然是警报系统的重要组成部分。

Q6 我们能追踪到飓风的踪迹吗？

大多数人都喜欢热带天气。例如加勒比海上的岛屿，那里以天气稳定而出名。常年都吹拂着温暖的微风，有着稳定的温度和降水，通常是短暂而急促的热带阵雨。然而，正是这些相对平静的地区，孕育了地球上最猛烈的风暴。

飓风形成于热带海洋上方的低压中心，其特点是对流和气旋环流都很强烈（见图 4-25）。它的到来伴随着持续的、速度不低于 119 千米／时的大风。和中纬度气旋不同，飓风缺乏对比鲜明的气团和锋面。相反，产生和维持飓风的能量，源于风暴的积雨云塔形成过程中所释放的大量潜热。

（a）　　　　　　　　　　　　　（b）

图 4-25　飓风"玛丽亚"

飓风"玛丽亚"是 2017 年大西洋飓风季节最强的风暴。图（a），在这张卫星图像中可以看到发育良好的风暴眼。9 月 20 日，在波多黎各东南部，最高风速达到 280 千米／时。图（b），当飓风"玛丽亚"袭击波多黎各时，波多黎各仍处在两周前发生的飓风"艾尔玛"的恢复过程中。致命风暴造成的损失是毁灭性的。除了强风和沿海风暴潮造成的破坏外，暴雨还引发了多处山体滑坡。

资料来源：图（a），NOAA；图（b），Andrea Booher/ Alamy Stock Photo。

绝大多数与飓风有关的死亡和破坏，是由罕见但威力巨大的风暴引起的。然而，在 2017 年 8 月和 9 月期间，加勒比和墨西哥湾经历了 3 次极强的致命性飓风——哈维、厄玛和玛丽亚（图 4-25）。得克萨斯州的墨西哥湾沿岸，加勒比海的维尔京群岛受灾尤其严重。估计损失接近 3 000 亿美元。

飓风概述

除南大西洋和东南太平洋以外，大多数飓风形成于纬度 5°～20° 之间的区域（见图 4-26）。如图 4-26b 所示，飓风通常形成于夏末和初秋。在这段时间内，热带地区的海面温度达到 27℃甚至更高，因此能为空气提供必要的热量和水分。北太平洋产生的飓风最多，平均每年 20 个。

幸运的是，对于居住在美国东部和南部沿海地区的人而言，有影响的风暴平均每年不超过 5 个，且多形成于北大西洋的温暖水域。

○你知道吗？○

气旋一旦达到热带风暴状态，就会得到一个命名。命名热带风暴是为了方便气象预报员和公众之间的沟通。热带风暴和飓风可能持续一周或更长时间，同一地区可能同时发生两场或多场的风暴。使用风暴的名字可以减少对风暴描述的混淆。世界气象组织（隶属于联合国）创建了风暴的名单。大西洋风暴的名称会在 6 年周期结束时重复使用，但主要飓风的名称被取消使用，以防止在未来几年讨论风暴时出现混淆。

○你知道吗？○

世界不同地区的飓风季节有所不同。人们通常认为，大西洋飓风季节从 6 月延续到 11 月。该地区 97% 以上的热带活动发生在这 6 个月时间内。这个飓风季节的"中心"出现在 8 月到 10 月。在这 3 个月内，有 87% 小飓风（1 级和 2 级）和 96% 的大飓风（3 级、4 级和 5 级）发生。活动高峰在 9 月初至中旬。

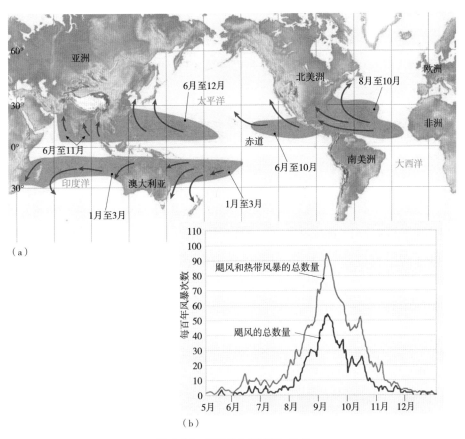

图 4-26 飓风发生的时间与地点

图（a），这张世界地图显示了大多数飓风的发源地、主要发生月份，以及它们的一般轨迹。飓风不会形成于南北纬 5° 之间，因为这里的科里奥利力太弱。此外，由于飓风只能形成于温暖的海洋表面上方，所以它们也很少形成于纬度高于 20° 的地区，以及南大西洋、东南太平洋这两处水温较低的区域。图（b），图中显示了 5 月 1 日至 12 月 31 日期间大西洋盆地热带风暴和飓风的频率。它显示了 100 年内预计的风暴数量。8 月下旬至 10 月显然是最活跃的时期。

这些剧烈的热带风暴在世界不同地区有着不同的名字，它们在西太平洋被称为台风；在印度洋，包括孟加拉湾和阿拉伯海，则被简单地称为气旋。在以下讨论中，我们统称其为"飓风"，这一术语源于加勒比海地区传说中的邪恶之神。

虽然每年都会发生许多次热带扰动，但其中只有少部分会发展成飓风。国际气象组织规定，风速超过 119 千米 / 时，且具有旋转的环流结构的风暴才算飓风。成熟飓风的直径一般为 100 ～ 1 500 千米，平均为 600 千米。从外缘到中心，气压有时会下降 60 毫巴，即从 1 010 毫巴降至 950 毫巴。西半球有史以来的最低气压就是这些风暴造成的。

　　飓风陡变的气压梯度产生了快速、向内旋转的风。当空气流向风暴中心时，其速度会增加，这和滑冰者将双臂收回贴近身体时，其旋转角速度会增加的道理一样。

　　当温暖潮湿的地表空气涌入风暴中心时，它会向上运动，在环形的积雨云塔中上升（见图 4-27）。围绕风暴中心，具有强对流活动的环状云区被称为风眼墙。在这里，风速最大，降水最强。围绕风眼墙的是螺旋形弯曲的云带。在靠近飓风顶部的地方，气流辐散运动，将上升的空气带离风暴中心，从而为地面空气继续向内流动让出空间。

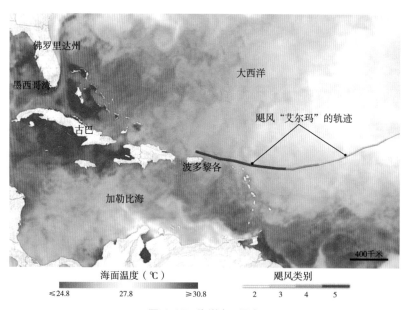

图 4-27　海洋表面温度

飓风形成的基本条件之一是表层海水温度高于 27℃。如图显示了 2017 年 9 月 5 日大西洋、加勒比海和墨西哥湾的海面温度。黄色到红色的线代表了飓风"艾尔玛"从 9 月 3 日到 6 日的轨迹。

资料来源：Joshua Stevens and Jesse Allen/NASA。

风暴正中心是飓风的风眼，它的直径一般为 20 千米。在这里，降水停止，空气下沉。与其周围风眼墙中极端的天气相比，这里的平静显得相当不真实。许多人认为在风眼处能看到晴朗的蓝天，事实上却不一定如此，因为下沉气流不一定能强到产生无云天气的程度。虽然，这里的天空看起来明亮得多，但在不同高度处依然可见分散的云。

飓风的形成与消亡

飓风的动力来源是大量水蒸气凝结时释放的潜热。一般的飓风在一天之内就能释放巨大的能量。这些潜热使空气变暖，为其上升提供动力。这进一步导致地面气压下降，空气更快地向内辐合。这一机制的触发需要大量暖湿空气，并且需要持续的能量供应来维持其运转。

飓风的形成。飓风在夏末发展最为旺盛，这是因为此时的海水温度在 27℃以上，能够为空气提供必要的热量和水分（见图 4-28）。对海水温度的要求解释了飓风不能在南大西洋和东南太平洋温度相对较低的水域上形成这一事实。同样，飓风也很难在纬度高于 20° 的地方形成。纬度低于 5° 的区域，尽管温度足够高，但这里的科里奥利力太弱，不能引发空气旋转，因此也无法形成飓风。

许多热带风暴开始时都是没有组织的云层和雷暴，气压梯度力弱，旋转运动微弱，甚至几乎没有旋转运动。这种低处空气的汇聚和抬升被称为热带扰动。大多数时候，这种对流活动都会自动消亡。但是，热带扰动偶尔也会继续发展壮大，产生强烈的气旋性旋转。

在有利于飓风发展的条件下会发生什么？当潜热从构成热带扰动的雷暴簇中释放出来时，扰动内的区域会变暖，导致空气密度降低，地面气压下降，形成低压中心和气旋性环流。风暴中心气压下降时，风暴内的气压梯度就会变大。如果有一张风暴的实时气压图，你会看到等压线在这时变得更加密集。因此，地面的风速增加，并带来额外的水分供应，使风暴进一步生长。上升空气的绝热冷却会导致更多水蒸气凝结，意味着更多的潜热释放，进一步增加空气上升的动力。如此循环往复，飓风便形成了。

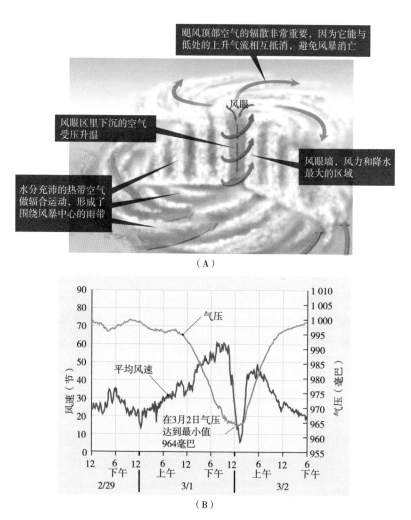

（A）

（B）

图 4-28　飓风内部情况

图（a），飓风的横截面。注意，图中垂直方向的长度经过了放大处理。图（b），2004 年 2 月 29 日至 3 月 2 日，气旋"蒙蒂"经过澳大利亚西部的马迪气象站时的表面压力和风速测量结果。（飓风在该地被称为"气旋"。）

资料来源：图（a），NOAA。

飓风的消亡。 在下列三个条件下，飓风的强度会被削弱：途经不能提供暖湿热带空气的水域；登陆；到达了不利于高空空气大规模流动的地区。飓风登陆后会快速减弱，最重要的原因是暖湿空气的来源被切断了。失去水分供应后，凝结释放的潜热会减少。此外，陆地粗糙的表面会引起摩擦，使风速迅速降低。这一因素使得风更直接地进入低压中心（旋转减弱），从而使原本巨大的气压差异迅速衰减。

飓风造成的破坏

距离飓风只有几百千米的地方可能还处于晴朗、无风的天气下，但飓风一天便可移动几百千米。因此，在应用气象卫星之前，对飓风的预警是非常困难的。

飓风造成的破坏程度取决于几个因素，包括受灾地区的面积、人口密度，以及海岸附近海底的形状。毫无疑问，最重要的因素是风暴本身的强度。通过对以往飓风的研究，人们建立起了评估飓风相对强度的标准。5 级飓风是最严重的，1 级飓风最弱（见表 4-2 ）。

表 4-2　萨菲尔 - 辛普森飓风等级 ª

等级	中心气压 （毫巴）	风速 （千米／时）	风暴潮 （米）	破坏程度
1	980	119 ～ 153	1.2 ～ 1.5	轻微
2	965 ～ 979	154 ～ 177	1.6 ～ 2.4	中度
3	945 ～ 964	178 ～ 209	2.5 ～ 3.6	较大
4	920 ～ 944	210 ～ 250	3.7 ～ 5.4	严重
5	小于 920	大于 250	大于 5.4	灾难性

a 萨菲尔 - 辛普森飓风等级于 2010 年正式更名使用。

在飓风盛行期，常常能听见科学家和记者使用萨菲尔 - 辛普森飓风等级（ Saffir-Simpson hurricane Windscale ）。当飓风"卡特里娜"登陆时，持续风速为

225 千米 / 时，达到了 4 级的标准。实际上，很少有飓风能达到 5 级。飓风造成
的破坏可以分为以下几类：风暴潮、风灾和内陆洪水。

风暴潮。对沿海地区最严重的破坏通常是由风暴潮所造成的（见图 4-29），
包括沿海地区大部分的人员伤亡和财产损失。风暴潮是位于风眼登陆点附近海
岸、宽 65～80 千米的涌浪。不考虑其他波浪，风暴潮本身的高度就高于正常潮
位。此外，其他的波浪还会叠加在风暴潮之上。最严重的风暴潮发生在像墨西哥
湾这样的大陆架浅而平缓的地方。另外，海湾和河流等地理特征也会导致风暴潮
高度和速度的增加。在北半球，当飓风向海岸前进时，飓风风眼右侧的风暴潮往
往是最强烈的（从海洋角度看），这是因为该区域的风朝向海岸，而且在此处，
风速还会和飓风整体的移动速度叠加。

图 4-29　风暴潮造成的破坏

图为 2008 年 9 月 16 日的得克萨斯州水晶海滩，此时为飓风"艾克"登陆后的第三天。
登陆时，风暴的持续风速为 165 千米 / 时。图示的大部分毁损都是由异常的风暴潮
所造成的。

资料来源：Smiley N. Pool/Newscom。

在图 4-30 中，假定一个平均风速为 175 千米 / 时的飓风以 25 千米 / 时的速度向海岸移动。这种情形下，前进风暴右侧的净风速为 200 千米 / 时。而在其左侧，风的方向和飓风运动方向正好相反，净风速只有 150 千米 / 时，且远离海岸。因此，风眼左侧的沿海地区的水位反而可能在风暴登陆时下降。

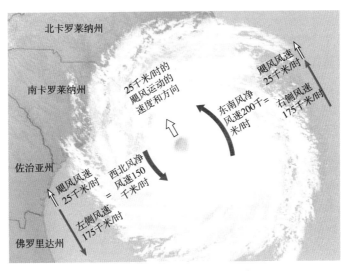

图 4-30　正在靠近的飓风的风速

风灾。 风造成的破坏可能是飓风灾害中最明显的一类。诸如标志牌、屋顶材料和屋外小物件等碎片都会成为飓风中危险的飞行"导弹"。有些建筑，仅凭风的力量就足以将其完全摧毁。可移动式住宅极其脆弱，高层建筑也容易受到飓风的影响，特别是上层部分，因为风速随高度的升高而增加。最近的研究表明，人们应该居住在 10 层以下，但楼层不能太低，以免被洪水淹没。在有着良好建筑规范的地区，风灾不如风暴潮严重。但是，风灾影响的地区比风暴潮广泛得多，还会造成巨大的经济损失。例如 1992 年飓风"安德鲁"在佛罗里达州和路易斯安那州南部造成超过 250 亿美元的经济损失，大部分都与风灾有关。

飓风有可能产生龙卷风，从而具有更强的破坏力。研究表明，登陆的飓风一半以上会引发至少一次龙卷风。2004 年，与热带风暴和飓风有关的龙卷风数量非常多。热带风暴"邦尼"和 5 个登陆的飓风——"查利""弗朗西斯""加斯顿""伊凡""珍妮"，引发了近 300 场龙卷风，影响了美国东南部和大西洋中部各州。

暴雨和内陆洪水。 大多数飓风伴随的暴雨造成了飓风的第三种重大灾害：洪水。风暴潮和风灾的影响集中在沿海地区，而暴雨可能会影响到离海岸数百千米的地方，并持续到风力消失的几天后。降雨量不仅与飓风强度有关，还与风暴的大小和移动速度有关。

例如，飓风"哈维"于 2017 年 8 月下旬在得克萨斯州海岸登陆后，滞留了 4 天，降雨量创历史新高。得克萨斯州东南部的大部为地区降雨量超过 100 厘米，有些地区超过 150 厘米。结果造成了灾难性洪水。随着哈维的残余最终向北移动，肯塔基州西部部分地区降雨量超过 20 厘头。

追踪飓风

现在，我们有了许多用于追踪飓风和热带风暴的观测工具。利用卫星、飞机、沿海雷达和远程数据浮标的数据，结合复杂的计算模型，气象学家可以预报并监测风暴的动向和强度，从而及时发布预警。

这个过程中一个重要的组成部分是轨迹预测，即预测风暴的路径。轨迹预测是最基本的要求，因为如果风暴的移动方向不确定，那么对其他风暴特征（如风力、降水）的预测也就失去了意义。准确的轨迹预测非常重要，因为它可以让人们及时撤离风暴潮区——那里的死亡人数往往最多。幸好，轨迹预测技术正在不断完善。2001 年至 2005 年，预测错误的概率只有 1990 年的一半。在 2004 年和 2005 年大西洋飓风异常活跃期间，12 ～ 72 小时的轨迹预测准确率都创下了新高。因此，国家飓风中心发布的官方轨迹预测从 3 天延长至 5 天（见图 4-31）。现在，5 天轨迹预测准确率已经能达到 20 年前 3 天轨迹预测的水平。

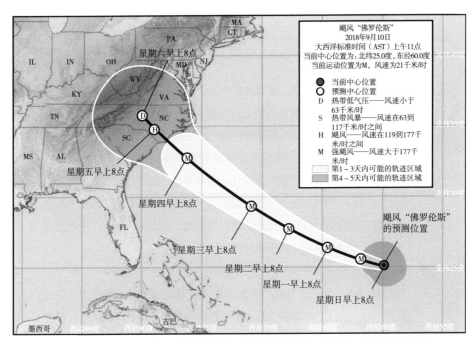

图 4-31　2007 年 8 月 14 日（星期二）发布的热带风暴"迪安"未来 5 天的轨迹

要点回顾

- 气团是一团巨大的空气，直径通常大于 1 600 千米。其特征是，在同一海拔、同一纬度下具有相同的温度与湿度。气团离开它产生的地方（发源地）之后，它的温度与湿度条件可能最终会影响一个大洲的大部分地区。气团根据其发源地地表的性质和发源地纬度分类。大陆气团指源自陆地的气团，空气干燥；海洋气团源自海洋，因此相对湿润；寒冷的极地气团和北极气团发源于高纬度地区；温暖的热带气团则形成于低纬度地区。依据这一标准，气团主要分为 4 类：极地大陆气团、热带大陆气团、极地海洋气团和热带海洋气团。

- 锋面是分隔不同密度气团的表面边界。沿着暖锋锋面，暖气团覆盖在后退的冷气团上方。暖空气在上升过程中因绝热冷却而产生云，在较广的区域形成温和、长时间的降水。当冷气团向暖气团原本占据的区域推进时，便形成了冷锋。冷锋锋面的倾角通常是暖锋的 2 倍以上，且推进速度更快。这两点差异使得冷锋带来的降水比暖锋的更加剧烈，持续时间也更短。

- 中纬度地区的天气现象主要源于自西向东移动的低压中心——中纬度气旋。中纬度气旋会带来持续几天至一周的暴风雨天气。它在北半球是沿逆时针方向旋转的，空气朝气旋中心向内流动。大多数中纬度气旋具有从中纬度地区延伸出来的冷锋，并且经常会有暖锋。气流的汇聚与抬升会使得云层发育，产生充沛的降水。某一地区所经历的特定天气取决于气旋的移动路径。

- 雷暴是由温暖、湿润、不稳定的上升气流所引起的。雷暴通常和积雨云相关，这些积雨云中会产生暴雨、雷电，偶尔还会产生冰雹和龙卷风。中纬度地区春季和夏季的热带海洋气团常常导致气团雷暴的发生。通常来说,雷暴的发展分为三个阶段:积云期、成熟期和消散期。

- 龙卷风是一种剧烈的风暴,以旋转的空气柱(涡旋)的形式从积雨云底向下延伸。许多强龙卷风具有多涡旋结构。强龙卷风具有极大的气压梯度,其最大风速可达 480 千米 / 时。龙卷风的破坏性大多是由强风所造成的。常用的龙卷风评估指标是改进型藤田级数,该等级是通过评估龙卷风的破坏程度来确定的。

- 飓风是地球上最大的风暴,是风速超过 119 千米 / 时的热带气旋。这些复杂的热带气旋在热带海域上空发展,由大量水蒸气凝结时释放的潜热提供动力。飓风在夏末发展最旺盛,这是因为海水温度达到了 27℃,能为飓风的形成提供必要的热量和水分。以下条件会削弱飓风的强度:途经不能提供暖湿空气的水域;登陆;到达不利于高空空气大规模流动的地区。

Foundations
of Earth Science

第二部分

星际穿越，
探索宇宙的尽头

Foundations

of Earth Science

05

太阳系有着怎样的"前世今生"？

妙趣横生的地球科学课堂

- 古人是如何探索宇宙的?

- 现代天文学是如何诞生的?

- 太阳系是如何形成的?

- 为什么说地月系统独一无二?

- 类地行星真的"类地"吗?

- 我们可能生活在类木行星上吗?

- 为什么说小行星很像类地行星?

人类自诞生以来，便对身处的这个星球和广阔的星空充满了好奇，并借助各种方式开启探索之旅。从观察天象、测定星座位置等来记录、研究天体运动和宇宙现象，到制作天文仪器来进一步观察宇宙，再到地心说、日心说、万有引力定律、相对论、量子力学等理论的出现，我们对宇宙的理解和探索正不断深入，也令天文学更加完善。

天文学为我们提供了一种理性的方式来认识和理解地球、太阳系以及宇宙的起源。地球曾经被认为是独一无二的，在各方面都不同于宇宙中的其他天体。然而，天文学研究发现，地球其实与宇宙中的其他天体很像，并且适用于地球的物理规律似乎也适用于宇宙的其他地方。

我们对宇宙的理解是怎样完成这种根本性的转变的呢？本章将分析从古代宇宙观到现代宇宙观的转变过程。古代宇宙观更关注天体的位置和运动状态，而现代宇宙观更注重理解这些天体的形成与运动背后的原因，以及它们之间为什么存在差异。

Q1 古人是如何探索宇宙的？

早在有历史记载之前，人们就意识到地球上的事件与天体的位置之间的密切关系。当某些天体，包括太阳、月球、行星和恒星到达天空中的特定位置时，地球上会出现特殊的自然现象，如季节的更替以及埃及尼罗河等大型河流发生的洪水。早期农业文明的存续依赖季节变化，人们相信如果这些天体能够控制季节，那么它们也可以强烈影响地球上的所有事件。这种信念无疑促成了人类记录天体位置这一早期文明活动的诞生。

天文学起源于 5 000 多年前，当时人类开始追踪天体的运动轨迹，从而了解何时适合种植农作物或何时应准备猎杀迁徙的兽群。古中国、古埃及和古巴比伦皆因保存有天体运动记录而闻名于世。这些文明记录了太阳、月球和 5 个可见天体在"固定"恒星的背景下缓慢运动的位置。后来，人们不再满足于记录天体的运动，开始预测它们未来的位置也变得很重要，例如用来为婚丧嫁娶挑选良辰吉日。

一项针对中国档案的研究表明，古中国人记录了至少 10 个世纪以来哈雷彗星的每一次出现。然而，由于这颗著名的彗星每 76 年才出现一次，他们无法将每次的记录联系起来。和其他众多古代文明一样，古中国人认为彗星是神秘的。一般来说，彗星被认为是凶兆，预示着战争、瘟疫等灾难即将发生（见图 5-1）。

图 5-1　现存于法国巴约市博物馆的巴约挂毯

挂毯显示了哈雷彗星在 1066 年造成的恐慌。这一事件发生在国王哈罗德被征服者威廉击败之前。

资料来源：DEA/G DAGLI ORTI/AGE Fotostock。

古中国人还保存了相当准确的"客星"（guest stars）记录。今天我们知道，"客星"是一颗普通恒星，通常由于光亮度太微弱而无法被观测到。但当它的表面爆炸性地喷射出气体时，其亮度会突然增加，这时我们称其为新星（nova）或超新星（supernova），如图 5-2 所示。

图 5-2 "客星"的突然出现

中国人在 1054 年记录了"客星"的突然出现。今天，这颗超新星的喷射遗骸构成了金牛座的蟹状星云。这张图片由哈勃太空望远镜拍摄。
资料来源：J Hester/A Loll/NASA。

天文学的黄金时代

在公元前 600 年至公元 150 年，人类进入了早期天文学的"黄金时代"，诸多有关宇宙的猜测和理论相继诞生，不少来自当时的希腊。虽然古希腊人因使用纯粹的哲学论据来解释自然现象而受到批评，但他们其实也利用了一些观察数据。他们发展的几何和三角函数的基本知识曾被用来测量当时天空中最显著的天体（太阳和月球）的大小和距离。

古希腊人错误地认为地球就是宇宙的中心，这种观点就是地心说。地心说认为，地球是一个在宇宙中心静止的球体，月球、太阳以及当时已知的水星、金星、火星、木星和土星都围绕地球运动，而且太阳和月球被认为是完美的水晶球。

当时的观念还认为，在行星之外有一个透明、空心的天球，星星附着在它上面，每天绕着地球转动。一些古希腊人意识到，星星的运动很容易用一个地球的自转来解释，但他们没有接受这种观点，因为人类无法感知地球的运动，而且地球似乎太大了，难以移动。直到 1851 年，地球自转才得到证实。

随着人们对宇宙的持续探索，地心说渐渐被驳斥，日心说由此诞生。第一个坚信宇宙以太阳为中心（日心说）的古希腊人是阿里斯塔克（公元前 312—前

185

230 年）。阿里斯塔克还用简单的几何关系计算了地球与太阳、月球的相对距离。后来，他用这些数据计算它们的半径。由于一个他无法消除的观测误差，他的测量值比真实值要小得多。然而，他的确发现了太阳与地球的距离比太阳与月球的距离大很多倍，以及太阳比地球的体积大很多倍。后一个事实可能促使他提出了宇宙以太阳为中心的观点。

托勒密的宇宙模型

或许你会好奇，为什么我们能看到数千年前希腊人对宇宙的研究？实际上，我们对古希腊天文学的大部分认知源自一本 13 卷的论著《天文学大成》（*Almagest*），该书由托勒密在公元 141 年编纂而成。除了总结古希腊的天文知识外，托勒密还提出了一个详细的宇宙地心说模型。这个宇宙模型被称作托勒密体系（见图 5-3）。

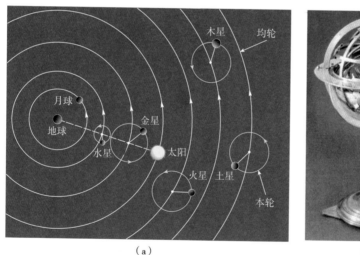

（a）　　　　　　　　　　　　　　　（b）

图 5-3　公元 2 世纪托勒密体系中的宇宙

图（a），托勒密认为，一个布满星星的天球每天绕着静止的地球运转。他还认为，太阳、月球和行星应该是沿着各自的轨道进行不同长度的运动。图（b），地心说系统的三维模型。托勒密可能利用的就是类似这样的模型来计算天体的运动。

资料来源：图（b），Science Museum, London, UK/Bridgeman Images。

在古希腊天文学中，他们相信行星在静止的地球周围做完美的圆周运动。古希腊人认为圆是纯粹和完美的几何形状。实际上，太阳、月亮和恒星都可以根据围绕地球运动的圆形路径来建模。然而，如果将恒星作为背景，你会发现5颗可观测到的行星的运动并不是那么简单的。如果你每天晚上都观察同一颗行星，你会发现它在向东运动后会停止运动，然后朝反方向运动一段时间，有可能是几周或几个月，然后恢复之前的运动方向。这种明显的反向运动被称为逆行运动。

为了解释这些运动，托勒密设计了一个复杂的体系，即行星沿着小圆（本轮）运动，同时围绕地球绕大圆（均轮）运动（见图5-4）。他的模型至少在一个世纪内以惊人的准确度预测了行星的运动。当模型与观察到的位置偏离太远时，会对模型进行重新校准，使用新观察到的位置作为起点。

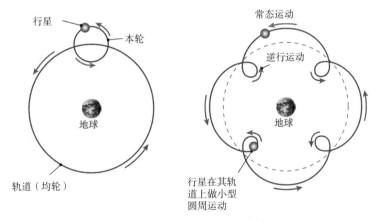

图 5-4　托勒密对逆行运动的解释

逆行运动是行星在"固定"恒星背景下进行的明显的反向运动。在托勒密体系中，行星在以较大的圆（均轮）绕地球运行时，同时还在绕小圆（本轮）运动。通过反复试验，托勒密发现了正确的圆组合，与观察到的每个行星的逆行运动相契合。

当然，托勒密体系并不准确。火星的逆行运动如图5-5所示。因为地球绕太阳一周的时间比火星少，当地球超越火星时，火星看起来就像在向后运动，即"逆行"。这与驾驶员在超车时从后视镜中看到的情况类似。速度较慢的行星，就像速度较慢的汽车一样，似乎正在后退，但这颗行星的实际运动方向与地球的运动方向相同。

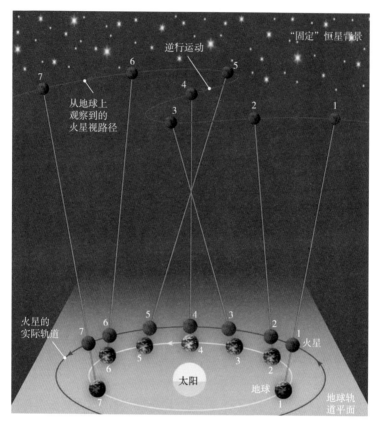

图 5-5　在地球上观测到的火星逆行

在地球上看，火星在恒星之间先是向东运动，然后周期性地停止并反向运动。这种明显的西向漂移现象是由于地球的轨道速度更快，它会周期性地追赶并超过火星。当这种情况发生时，火星看上去就是在向后移动，也就是"逆行"。

古罗马帝国在公元 4 世纪左右衰落，众多图书馆被毁坏，许多积累的知识丢失了。在古希腊文明和古罗马文明衰落之后，天文学研究中心向东迁至巴格达。托勒密的作品被翻译成了阿拉伯语。直到公元 10 世纪，古希腊人对天文学的贡献才通过阿拉伯人重新引入欧洲。托勒密体系很快在欧洲占据主导地位，它与教会的教义融合在一起成为宇宙的正统观念，这给后来所有发现其中错误的人带来了麻烦。

Q2 现代天文学是如何诞生的？

任何学科的发展都是一个不断发现和修正的循环过程，学者们不断探索新的领域，提出新的理论和观点，并通过实验和观察等方式进行验证，天文学也不例外。尽管托勒密的地心宇宙观存在着错误，但它并不是在一夜之间就被抛弃的，它一步步地将人们引向现代天文学。

现代天文学的发展也不仅仅是科学上的建树，它还打破了千年来根深蒂固的西方哲学与宗教观点。现代天文学的发展由一项更大的关于宇宙的新发现所开启，表明这个宇宙遵循着一些明显的规则。

我们将介绍在这一转变过程中做出贡献的5位著名科学家及其成果。这些科学家不仅描述了观测到的天文现象，还试图解释宇宙的运行方式，后者显然更加重要。他们分别是哥白尼、第谷·布拉赫、开普勒、伽利略和牛顿。

哥白尼

托勒密时代后的近13个世纪里，欧洲在天文学上几乎没有进步。中世纪后，第一位伟大的天文学家是波兰天文学家哥白尼（1473—1543），如图5-6所示。在发现阿里斯塔克的著作后，哥白尼开始确信地球是一颗行星，就像其他5颗当时已知的行星一样，绕太阳旋转。在哥白尼的模型中，太阳位于中心，水星、金星、地球、火星、木星和土星都围绕它运行。"日心说"的提出是一个重大的突破，摆脱了陈旧和普遍的观念。然而，哥白尼仍带有一点旧观念的局限

图5-6 波兰天文学家哥白尼

哥白尼认为地球只是太阳的一颗行星，一直到他死后的100多年里，这一论点仍极具争议性。

资料来源：Detlev van Ravenswaay/Science Source。

性，即仍用正圆来描述行星的轨道，因此他无法准确预测行星的未来位置。

哥白尼在临终前，将日心说等对地球和宇宙的发现都集合在自己的不朽著作《天体运行论》（*De Revolutionibus Orbium Coelestium*）中。与很多理论学说诞生之初不被人接受一样，哥白尼的日心说也受到当时许多欧洲人的质疑，并认为这是个异端邪说。这也在一定程度上导致哥白尼的追随者遭受了终身劫难，比如布鲁诺。1600 年，布鲁诺因拒绝谴责哥白尼的理论被教会法庭扣押，最终被烧死。

第谷·布拉赫

在哥白尼死后 3 年，第谷·布拉赫（1546—1601）出生于一个丹麦贵族家庭。据说，布拉赫是在观看天文学家预测的日食时，对天文学产生了兴趣。他说服丹麦国王弗雷德里克二世在哥本哈根附近建立了一个天文台，并主导这个天文台的工作。在那里，他设计并建造了带有指针的天文仪器（几十年后，望远镜才被发明出来），他用 20 年时间系统地测量了天体的位置，并试图以此来反驳哥白尼的理论（见图 5-7）。布拉赫的观测，尤其是对火星的观测，比之前任何人的观测都要精确得多。这是他留给天文学的宝贵遗产。

图 5-7　布拉赫在丹麦赫文岛乌拉尼堡天文台的画像

布拉赫（图像中央）和背景被画在天文台的墙上，布拉赫位于被称作"象限仪"的观测仪器的弧线内。在最右边，可以看到布拉赫正在通过墙上的小洞来观测天体。布拉赫对火星的精确测量，使开普勒最终提出了行星运动三定律。

资料来源：© Royal Geographical Society, London, UK/ Bridgeman Images。

布拉赫不相信哥白尼的模型，因为通过该模型，无法观察到恒星位置的明显变化。布拉赫认为，如果地球绕着太阳运行，那么在地球轨道上相距 6 个月的两个位置观测一颗临近的恒星，这颗临近的恒星相对更远处恒星的位置应该会发生变化。布拉赫的想法是正确的，但他的测量方法没有足够高的精度来显示所谓的"位置变化"。今天，恒星的这种"偏移"被称为恒星视差（stellar parallax）。

视差很容易体验：闭上一只眼睛，将食指在眼前竖直，用眼睛将指尖与远处的某一物体对齐。然后，不移动手指，用另一只眼睛来看，可以发现物体的位置似乎相对于指尖发生了变化。手指离你越远，物体的"位移"看上去就越小。布拉赫的问题就出在这里：他对视差的理解是正确的，但即便是离地球最近的恒星，与地球的距离也比日地距离大得多。布拉赫所寻找的视差变化量太小，由于当时没有望远镜这种尚未发明的仪器的帮助，所以他是无法观测到位置变化的。而现在，太空望远镜正是利用视差来测量银河系中恒星间的距离。

在布拉赫的赞助人丹麦国王弗雷德里克二世去世后，布拉赫被迫离开了天文台。布拉赫素以傲慢和奢侈闻名，故而无法继续在丹麦新统治者的领导下工作。于是，他搬到了现在位于捷克共和国的布拉格。在生命的最后一年，他找到了一个能干的助手：开普勒。开普勒保留了布拉赫所做的大部分观察数据，并将其用于特殊的用途。具有讽刺意味的是，布拉赫收集的用于驳斥哥白尼日心说观点的数据，后来都被开普勒用来支持日心说。

图 5-8　德国天文学家开普勒

开普勒对现代天文学的主要贡献是他推导出了行星运动三定律。

资料来源：Imagno/Contvibutior/Hulton Fine Art Collection/Getty Images。

开普勒

如果说哥白尼揭开了现代天文学的一角，那么开普勒（1571—1630）就是新天文学的开创者（见图 5-8）。开普勒不但拥有布拉赫的数据以及良好的数学素养，而且更重要的是他对布拉赫的数据准确性的强大信心——这使开普勒最终提出了行星运动三定律。

1609 年，在研究了近 10 年之后，开普勒发表了行星运动三定律的前两大定律：

· **所有行星绕太阳运动的轨道都是椭圆，太阳处在椭圆的一个焦点上（见图 5-9）。** 这一定律意味着行星与太阳的距离在其公转轨道上是不同的。通过使用椭圆轨道而不是圆形轨道，开普勒创造了一个以太阳为中心的模型，可以非常准确地预测行星的运动。

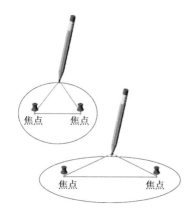

图 5-9　绘制各种偏心率的椭圆

用两个大头针作为焦点，并用一个绳套辅助，在保持绳套紧绷的同时画曲线，便能绘制出一个椭圆。两个大头针相距越远，画出的椭圆越扁平（偏心率越大）。

· **行星离太阳最近时运动速度最快，离太阳最远时运动速度最慢。** 更准确地说，开普勒第二定律告诉我们，行星的轨道速度变化是这样的：行星和太阳的连线在相等的时间间隔内扫过相等的面积（见图 5-10）。

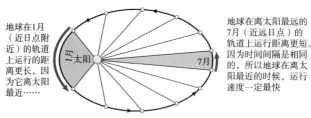

地球在 1 月（近日点附近）的轨道上运行的距离更长，因为它离太阳最近……

地球在离太阳最远的 7 月（近远日点）的轨道上运行距离更短。因为时间间隔是相同的，所以地球在离太阳最近的时候，运行速度一定最快

图 5-10　开普勒第二定律插图

该定律指出，连接行星（地球）和太阳的线段，在相等的时间间隔内扫过的面积是相等的。因此，地球在距离太阳较远时公转速度较慢，在距离较近时公转速度较快。在图中，地球轨道的偏心率被放大了。

开普勒是虔诚的，他相信造物主创造的是一个有序的宇宙，这个秩序也反映在行星的位置和运动之中。在近 10 年间的时间里，他试图发现这种统一性，但是一直没有成功。1619 年，开普勒终于在他的作品《宇宙和谐论》（*The Harmony of the Worlds*）中发表了第三定律。

· **远离太阳的行星比靠近太阳的行星公转速度慢**。用数学方法表示就是，行星轨道周期（*p*）的平方和它与太阳平均距离（*a*）的立方成正比。

为了以最简单的形式表示，轨道周期（绕太阳运行完整一周）以地球年为单位进行测量，而行星与太阳的距离，则用地球与太阳的平均距离来表示。

地球与太阳的平均距离被称为天文单位（AU），约 1.5 亿千米。开普勒第三定律指出，行星轨道周期的平方，正比于它与太阳平均距离的立方。因此，当行星的公转周期已知时，就可以计算出行星相对太阳的距离，反之亦然。例如，火星的轨道周期为 1.88 年，1.88 的平方约等于 3.54。3.54 的立方根约为 1.52，就是火星到太阳的平均距离，单位为 AU（见表 5-1）。

表 5-1　行星公转周期及与太阳的距离

行星	与太阳的距离（AU）	周期（年）	偏心率（正圆 = 0）
水星	0.39	0.24	0.205
金星	0.72	0.62	0.007
地球	1.00	1.00	0.017
火星	1.52	1.88	0.094
木星	5.20	11.86	0.049
土星	9.54	29.46	0.057
天王星	19.18	84.01	0.046
海王星	30.06	164.80	0.011

开普勒定律的基本观点是行星围绕太阳运转，因此支持了哥白尼理论。然而，开普勒并没有指出是什么力造成了他所精确描述的这种行星运动。剩下的任务将由伽利略和牛顿完成。

伽利略

伽利略（1564—1642）是文艺复兴时期意大利最伟大的科学家（见图 5-11）。他与开普勒同时代，和开普勒一样，他强烈支持哥白尼的"日心说"。伽利略对科学的最大贡献是他对物体运动的解释——这是他从实验中获得的。自早期希腊文明出现，人们就已经遗忘了利用实验确定自然规律这一方法。

伽利略之前的所有天文发现都是在没有望远镜帮助的条件下完成的。1609年，伽利略听说一家荷兰透镜制造商设计了一种能够放大物体的透镜系统。显然，伽利略在从未见过望远镜的情况下，建造了自己的望远镜，可以将远处物体放大至肉眼所见的 3 倍。他很快造出了其他一些望远镜，最高的放大倍数约为30 倍（见图 5-12）。

图 5-11　意大利科学家伽利略

伽利略是第一位使用望远镜来详细观测太阳、月球和行星的科学家。

资料来源：Heritage Image Partnership Ltd/Alamy Stock Photo。

图 5-12　伽利略的众多望远镜之一

虽然伽利略并不是望远镜的发明人，但他制造了好几台，其中最大的望远镜的放大倍数可达 30 倍。

资料来源：Gianni Tortoli/Science Source。

利用望远镜，伽利略能够以新的方式观察宇宙。他找到了许多支持哥白尼宇宙观点的重要发现，其中包括：

· **发现了木星 4 颗最大的卫星（见图 5-13）**。这一发现推翻了人们的旧观念，
即地球是宇宙唯一的运动中心。因为，这里还有一个显而易见的运动中心——
木星。这一发现还驳斥了人们经常使用的论点，即如果地球围绕太阳旋转，
月球将被落在后面。

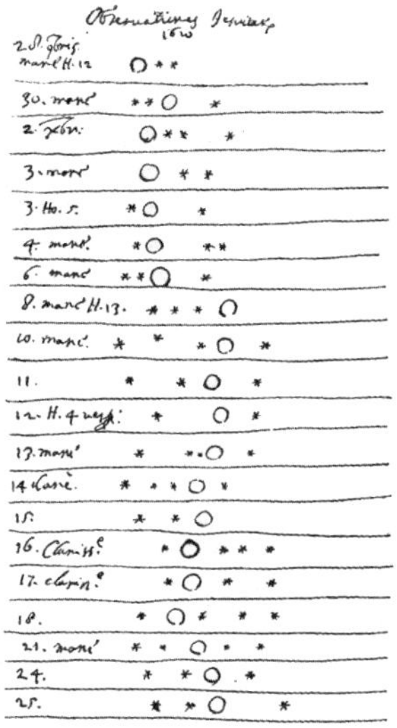

图 5-13 伽利略绘制的木星及其 4 颗最
大卫星的草图

利用望远镜，伽利略观察到了木星 4 颗最
大的卫星（用星号表示），并指出它们的
位置每晚都会发生变化。你也可以使用双
筒望远镜观察到相同的变化。

资料来源：Yerkes Observatory Photograph/
University of Chicago。

· **行星看上去是"球体"，而不仅仅是之前人们所认为的"光点"**。这表明行
星与地球类似，而与恒星不同。
· **金星有与月球类似的相位**。金星在全相时显得最小，因此距离地球最远
（见图 5-14b 和图 5-14c）。这一观测表明，金星绕着它的光源（太阳）运
行。在图 5-14a 所示的托勒密体系中，金星的轨道位于地球和太阳之间，这
意味着只能从地球上看到金星的新月相位。
· **月球不像古人所描述的那样"光滑如玻璃球"**。相反，伽利略看到了山脉、
撞击坑和平地，表明月球与地球类似。他认为这些平地可能是水体。这个想
法得到了广泛认可，因此这些地形的名字——宁静之海、风暴之海等，才沿
用至今。

· **太阳上有太阳黑子，即由于温度稍低而显得黑暗的区域。**长期观察太阳使伽利略的眼睛受到损伤，后来可能导致了他失明。他追踪了这些黑点的运动，并估计太阳的自转周期不到一个月。至此，又一个天体被发现有"瑕疵"和自转运动。

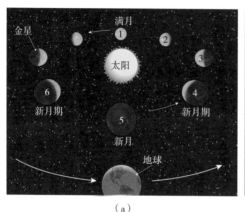

（a）

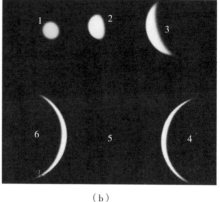

（b）

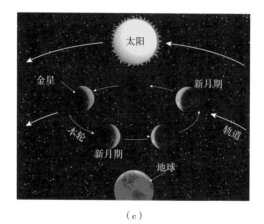

（c）

图 5-14　利用望远镜，伽利略发现金星的相位与月球的相位相似

图（a），在哥白尼体系（日心说）中，金星绕着太阳运行，因此金星的所有相位都可以在地球上看到。图中的数字与图（b）中编号的图像相对应。图（b），正如伽利略所观察到的，金星有着一系列类似月球的相位。金星在离地球最远的满月时显得最小，在离地球最近的新月时显得最大。这使伽利略得出太阳是太阳系中心的结论。图（c），在托勒密体系（以地球为中心）中，金星和太阳都绕着地球运行，金星绕着它的大轨道运行时也在绕本轮运行。在这个模型中，从地球上只能看到金星的新月相位。

资料来源：Lowell Observatory Archives。

伽利略的每一次观察都动摇了当时有关宇宙本质的主流观点。

1616 年，罗马天主教会谴责哥白尼的理论有违《圣经》，因为哥白尼的理论没有将人类置于创造的中心，并警告伽利略放弃这一理论。伽利略毫不气馁，开始撰写他最著名的著作《世界大体系的对话》（*Dialogue of the Great World Systems*）。1630 年，他前往罗马，希望得到教皇乌尔班八世的许可，能够出版该书。因为这本书是一个阐述托勒密和哥白尼体系的对话，所以被允许出版。然而，伽利略的批评者很快就意识到他在宣扬哥白尼的观点，于是这本书很快就被禁售。伽利略被送上了宗教法庭。他因宣扬与宗教教义相悖的观点而被判终身监禁，并在其生命的最后 10 年中一直处于软禁状态。

伽利略无视这一限制，并且忍受着长女去世带给他的悲痛，继续工作。1637 年，他完全失明，但完成了他最优秀的科学著作。那是一本关于运动研究的书，在该书中，他指出运动中物体的自然倾向是保持运动状态。后来，随着更多支持哥白尼体系的科学证据被发现，罗马天主教会解禁了伽利略的作品。

牛顿

牛顿（1643—1727）出生于伽利略去世的后一年（见图 5-15）。他在数学和物理学方面取得了许多成就，以至于有人曾说："牛顿是有史以来最伟大的天才。"

尽管开普勒及其追随者试图解释行星运动的原因，但他们的解释并不令人满意。开普勒相信一定有某种力量推动行星沿着其轨道运行。然而，伽利略正确地推论出，保持物体运动不需要任何力；相反，他还

图 5-15 英国著名科学家牛顿爵士

牛顿发现引力是使行星绕太阳运行的力。资料来源：DEA/G. NIMATALLAH/Getty Images。

认为，不受外力影响的运动物体的自然趋势是继续做匀速直线运动。这其实就是牛顿后来在牛顿第一运动定律中提出的"惯性"概念。

因此，问题不在于解释使行星运动的力，而在于确定阻止它们沿直线进入太空的力。为此，牛顿提出了引力的概念。在 23 岁时，他设想了一种从地球延伸到太空并使月球保持绕地球轨道运行的力。尽管其他人已经从理论上证明了这种力的存在，但牛顿是第一个提出并检验这种力的人。这种力被他称为万有引力，他还提出了万有引力定律，该定律的内容如下：

　　宇宙中的每一个物体都会以一种力吸引着其他物体，这种力与它们的质量成正比，与它们之间距离的平方成反比。

因此，质量较大的物体比质量较小的物体产生的引力更大。更准确地说，如果两个物体中任何一个的质量翻倍，那么它们之间的引力就会翻倍。如果两个物体中的一个物体的质量增加了 3 倍，那么它们之间的引力就会增加 3 倍。如果两个物体的质量都增加了 1 倍，那么它们之间的引力就增加了 4 倍，以此类推。

万有引力定律还指出，引力随着距离的增加而减小。例如，两个相距 3 000 千米的物体对彼此施加的引力是相距 1 000 千米的两个物体之间引力的 1/9 倍。牛顿证明了这一引力定律，再加上行星保持直线运动的趋势，于是从数学上得出了开普勒根据观测建立的椭圆轨道。例如，地球在其轨道上每秒向前移动约 30 千米，在同一秒钟内，引力将其拉向太阳约 0.5 厘米。因此，正如牛顿得出的结论，正是地球的前进运动和"向太阳

你知道吗？

伽利略通过实验发现，坠落物体的加速度并不取决于它们的重量。据报道，伽利略从比萨斜塔上扔下了铁球和木球，并发现铁球和木球会同时撞击地面。尽管这个传说很受欢迎，但事实上伽利略可能并没有做过这个实验。实际上，由于空气阻力的影响，实验结果将是不确定的。过了近 4 个世纪后，在没有空气的月球上，"阿波罗 15 号"的宇航员戴维·斯科特（David Scott）证明了羽毛和锤子确实能以同样的速度下落。

"下降"运动共同决定了它的轨道（见图5-16）。如果引力被消除，地球将沿直线向太空移动。相反，如果地球的向前运动突然停止，引力就会使它撞向太阳。

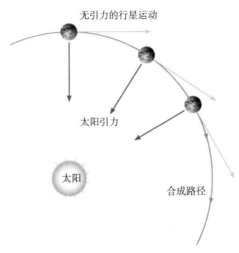

图 5-16 行星的轨道运动

Q3 太阳系是如何形成的？

人类探索太阳系的历史可以追溯到 20 世纪初，当时一些天文学家和太空探险家开始对太阳系进行深入的研究和探索。1929 年，苏联的航天器"斯普特尼克号"成功地探测到了冥王星，这是人类首次探测到太阳系边缘的天体。20 世纪 70 年代，美国和苏联相继向月球发射了探测器，并成功地传回了月球表面的照片和数据。这些探测活动不仅帮助人们更好地了解太阳系中的行星、卫星和其他天体，也为人类进一步探索太阳系奠定了基础。

太阳系直径达数万亿千米，由八大行星及其卫星以及数不胜数的小型天体（如小行星、彗星、流星等）共同组成，而太阳是这个旋转系统的中心。据估计，太阳系 99.85% 的质量都集中在太阳里，行星占据了剩余 0.15% 质量中的绝大部分。按照距离太阳由近到远，这些行星依次是水星、金星、地球、火星、木星、土星、天王星和海王星（见图 5-17）。而冥王星后来被重新归类为太阳系中的另外一类天体——矮行星。

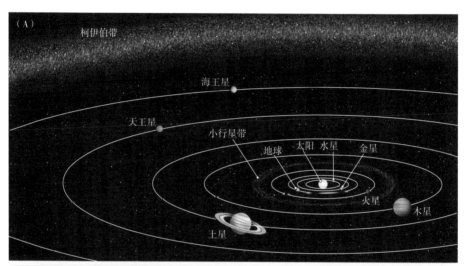

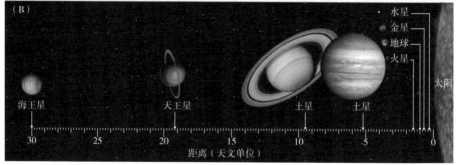

图 5-17　行星运行轨道

图（a），艺术化的太阳系景观图，其中，行星的位置不是按比例绘制的。图（b），按比例绘制的行星轨道位置，以天文单位为单位。如果按照太阳和行星的距离比例来显示行星的大小，那么这些行星的大小将是这里所示大小的大约 5 000 倍。

　　由于太阳的引力作用，所有行星都朝着同一个方向，在略呈椭圆的轨道上运行（见表 5-2）。在引力作用下，最靠近太阳的物体运行速度最快，因此，水星有着最快的公转速度（48 千米 / 秒），以及最短的公转周期（88 个地球日）。相比之下，海王星的公转速度只有 5.3 千米 / 秒，需要 165 个地球年才能公转一圈。大部分绕着太阳运行的天体都处于同一轨道平面。在表 5-2 中，行星的轨道倾角是相对于地球公转轨道平面而言的。

表 5-2 行星的相关参数

行星	符号	AUª	与太阳的平均距离（百万千米）	公转周期	轨道倾角	轨道速度（千米 / 秒）
水星	☿	0.39	58	88 天	7°00′	47.5
金星	♀	0.72	108	245 天	3°24′	35.0
地球	⊕	1.00	150	365.25 天	0°00′	29.8
火星	♂	1.52	228	687 天	1°51′	24.1
木星	♃	5.20	778	12 年	1°18′	13.1
土星	♄	9.54	1 427	30 年	2°29′	9.6
天王星	♅	19.18	2 870	84 年	0°46′	6.8
海王星	♆	30.06	4 497	165 年	1°46′	5.3

行星	自转周期	直径（千米）	相对质量（地球为1）	平均密度（g/cm³）	极向扁率（%）	离心率	已知卫星数量ª
水星	59 天	4 878	0.06	5.4	0.0	0.206	0
金星	243 天	12 104	0.82	5.2	0.0	0.007	0
地球	23 小时 56 分 04 秒	12 756	1.00	5.5	0.3	0.017	1
火星	24 小时 37 分 23 秒	6 794	0.11	3.9	0.5	0.093	2
木星	9 小时 56 分	143 884	317.87	1.3	6.7	0.048	67
土星	10 小时 30 分	120 536	95.14	0.7	10.4	0.056	62
天王星	17 小时 14 分	51 118	14.56	1.2	2.3	0.047	27
海王星	16 小时 07 分	50 530	17.21	1.7	1.8	0.009	13

a AU 表示天文单位，指地球到太阳的平均距离。

星云理论：太阳系的形成

　　解释太阳系形成的星云理论认为，太阳和行星都是从一个由星际气体（主要是氢和氦）和尘埃组成的旋转云团发育而来的，这个云团被称为太阳星云。当太阳星云由于引力作用而收缩时，大部分物质集中到中心，形成炽热的原太阳。剩余的部分则形成了一个平整并且旋转的厚圆盘，其中的物质逐渐冷却并凝缩成颗粒状或块状的冰和岩石类物质。频繁的碰撞致使大多数物质聚集到一起形成了越来越大的块体，最终成为小行星大小的物体，我们称之为星子。星子的意思就是"行星的碎片"。

　　星子的成分主要取决于它与原太阳的距离。正如人们通常认为的那样，太阳系内部温度最高，而越靠近圆盘边缘温度越低。因此，在如今的水星和火星轨道间的这些星子，都是由高熔点的物质组成的，如金属和岩石类物质。然后，在反复的碰撞和积聚之后，这些小行星大小的岩石体结合成 4 颗原行星，这些原行星最终演变为类地行星，也就是最终我们看到的水星、金星、地球和火星。

　　木星、土星、天王星和海王星被统称为气态巨行星，它们的质量是类地行星的 150 多倍。这些行星由源于火星轨道之外的星子聚集而成。火星轨道之外的温度足够低，因此太阳系内部形成的气体化合物能够凝结成冰。因此，这些星子含有大量的冰：水冰、干冰、氨冰和甲烷冰；当然也有少量的岩石和金属碎片。太阳系外围的冰比金属和岩石物质多得多，这一事实在一定程度上解释了为何外行星体积大而密度低。最大的两颗行星，木星和土星，其引力场强到可以吸引并保留大量的氢气和氦气，而这两种气体是最轻的。

　　在原行星形成之后，这些行星又花了大约 10 亿年时间，通过引力作用吸积着行星间的残骸。这是剧烈撞击频发的时期，这些行星通过"俘获"这些剩余的物质来清空轨道。这一时期留下的"伤痕"至今仍可以在月球表面上看到。由于行星的引力作用，尤其是木星的引力场，许多小型天体被抛进行星轨道，或是被甩进星际空间。少部分行星间物质在这场毁灭性的灾难中留存下来，最终成为小行星或彗星。彗星主要位于太阳系的外围。

行星的内部结构和大气圈

根据行星所处位置、大小和密度，我们可以将太阳系的行星分为两类：类地行星（水星、金星、地球和火星）和类木行星（木星、土星、天王星和海王星）。根据这两类行星相对于太阳的位置，我们也可以称类地行星为内行星，称类木行星为外行星。行星的位置与其大小之间存在关联：内行星总体要比外行星小很多，例如，海王星（类木行星中最小的一个）的直径差不多是地球直径的 4 倍。此外，海王星的质量是地球或金星质量的 17 倍。

其他可以区分行星类别的特性还包括密度、化学成分、公转周期和卫星数量。行星化学成分的不同导致了它们的密度存在巨大差异。比如，主要由岩石和金属组成的类地行星的平均密度是水密度的 5 倍，而氢、氦和低密度化合物占比较高的类木行星，其平均密度只有水密度的 1.5 倍。实际上，土星的密度只有水密度的 0.7，这意味它可以在一个足够大的水池里浮起来。

前文提到，在地球形成后不久，由于化学成分的差异，组成地球的物质会发生分离，进而形成三个主要的结构层：地壳、地幔和地核。这种形式的分离在其他的星球上也会发生。然而，因为类地行星和类木行星的组成成分有较大差异，所以这两类行星的分层性质也不尽相同（见图 5-18）。

类地行星的内部结构。 类地行星的内部结构一直是科学家们研究的重点之一。由于这些行星与地球类似，具有类似的地质特征和大气圈，因此对于它们的内部结构的研究可以帮助我们更好地了解地球自身的演化历史。类地行星相对密度更大，有着相对较大的铁镍核。硅酸盐矿物和其他更轻的组成部分构成了类地行星的地幔。而相比于地幔，类地行星的硅酸盐外壳更薄。

根据地震学的证据，我们知道地球的外核是熔融的。我们还知道，地球的强磁场是由熔融的外核内部的对流以及适宜速度的行星旋转产生的。

　　火星的核部被认为是部分熔融的，但没有热到足以产生对流。因此，火星没有磁场。虽然我们认为金星的核心位置有一个熔化的金属层，就像地球一样，但金星也没有磁场。据推测，金星没有磁场，要么是因为金星的核部不够热，无法驱动对流，要么是因为这颗行星 243 天的自转周期太慢，无法产生磁场。研究人员惊奇地发现，尽管水星的体积很小，自转周期也只有 59 天，但它拥有可测量的磁场。这可能是因为水星拥有部分熔融的金属核。相比于水星的体积来说，它的金属核异常大。

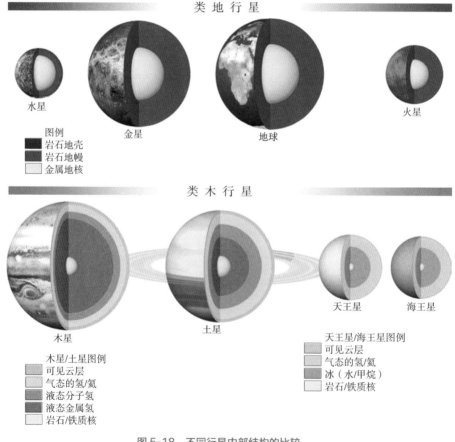

图 5-18　不同行星内部结构的比较

类木行星的内部结构。通过科学家和天文学的观测，目前我们认为，两个最大的类木行星木星和土星，可能都有由铁化合物组成的小型固体内核，就像类地行星的内核，还有类似地球地幔的岩石物质。

向外延伸，内核表面的液态氢层处于极高的温度和压力条件下。有大量的证据表明，在这种情况下，氢的行为就像金属一样，其电子能自由移动，且具有良好的导热和导电性能。木星具有强大的磁场，可能就是因为在其高速旋转的液态金属氢层中存在电流。土星的磁场要远小于木星，可能是因为土星内的液态金属氢层要小于木星。科学家认为，在这个金属层上面，木星和土星都由液态分子氢和氦混合而成。最外层是氢气和氦气，以及水冰、氨冰和甲烷冰——这是这些巨行星密度低的主要原因。

天王星和海王星也有富含铁的小型岩石内核，但它们的地幔可能是由高温、稠密的水、甲烷和氨所组成。像土星和木星一样，它们的大气层主要由氢和氦组成。

行星的大气圈。从目前拍摄的宇宙照片中可以发现，类木行星有着很厚的大气圈，主要由氢和氦组成，也包含少量的水、甲烷、氨和一些氢的化合物。相比之下，包括地球在内的类地行星的大气圈则相对薄一些，二氧化碳、氮气通常占主要成分。有两个因素可以解释这些显著的差异：太阳加热（温度）和重力（见图5-19）。这些变量决定了在太阳系形成过程中，哪些行星气体（如果有的话）被行星捕获并最终被保留下来。

在行星形成过程中，正在形成的太阳系内部区域太热，冰和气体无法凝结。相比之下，类木行星形成的区域温度很低，太阳对星子的加热也很小，这使得水蒸气、氨和甲烷凝结成冰。因此，类木行星含有大量这些挥发分。随着行星的增长，最大的类木行星——木星和土星也吸引了大量最轻的两种气体氢和氦。这就解释了为什么类木行星有着厚厚的大气圈。

地球是如何获得水和其他挥发性气体的呢？似乎在太阳系形成的早期，由于巨行星（主要是木星和土星）的引力牵引，星子被拉到严重偏心的轨道。结果，地球被来自火星轨道之外的冰状天体（主要是彗星）狂轰滥炸，带来了水和其他元素，这对于生活在地球上的生命体而言，是一件意外的幸事。水星、月球，以及其他无数的小型天体，都缺少重要的大气环境，尽管它们在发育初期也经历了这样的狂轰滥炸，但并没有生命诞生。

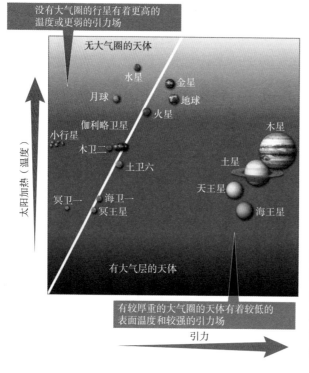

图 5-19　有无大气圈的天体之间的对比

没有大气圈的天体有着更高的温度或更弱的引力场，而有较厚重的大气圈的天体有着较低的表面温度和较强的引力场。

　　缺少大气圈的天体形成于太阳辐射较强或引力场较弱的环境下。简单来说，小而热的天体更容易失去大气圈，因为其气体分子能量更高（因此速度更快），且不需要很高的速度就可以逃离这个弱引力场。水星是八大行星中体积最小、质量最小的，它的表面引力很弱，因此很难维持住表面大气层。此外，由于水星是离太阳最近的行星，它不断受到太阳风的轰击。因此，水星的大气圈是所有行星中最薄的。

　　稍微大一点的类地行星，如地球、金星和火星，则能留住一些密度较大的气体，如水蒸气、二氧化碳、氧气和氮气。然而相比于其自身的总质量，它们的大气圈十分稀薄，因此质量微不足道。在这些类地行星形成早期，它们也许有着更厚的大气圈，但随着时间推移，这些原始大气圈中密度较小的气体逐渐流失到太空中。例如，地球大气圈中的氢气和氦气（两种最轻的气体）就一直在向外流失。这个现象发生在地球大气圈顶端附近，那里的空气太过稀薄，以至于没法阻止高速粒子向外逸散。我们将用以逃离行星引力场的最低速度称为逃逸速度。因为氢气是最轻的气体，因此也最容易达到克服地球引力所需的速度。

行星的碰撞

近年来，我们在新闻中不时能看到陨石掉落地球的消息：2020 年，一颗陨石在俄罗斯车里雅宾斯克州上空爆炸；2021 年，一颗陨石在印度尼西亚爪哇岛附近坠落；2022 年，一颗陨石在俄罗斯堪察加半岛上空解体，形成多个火球并爆炸。

在整个太阳系的历史中，天体之间的碰撞一直在发生。在大气很稀薄或几乎没有大气（如月球），因而也没有空气阻力的天体上，即使是最小的星际碎片（陨石）也能到达表面。当速度足够大时，这些碎片会在单个矿物颗粒上产生微小的坑洞。相比之下，大型撞击坑则是由小行星和彗星等大型天体碰撞形成的。

相比于现在，在早期的太阳系中，行星间的碰撞更容易发生。在早期剧烈碰撞时期之后，撞击坑产生的速度明显下降，最后产生的速度较为稳定。在月球和水星上几乎不存在风化和侵蚀作用，因此过去发生的天体碰撞的证据更加明显。

在较大的天体上，厚重的大气会使得撞击天体解体或减速。比如，地球的大气就能使轻于 10 千克的陨石的速度降低 90%。因此，较轻的天体的碰撞只会在地球上产生极小的撞击坑。但地球上的大气圈对大质量天体的减速作用微乎其微。幸好，大质量天体极少出现。

大型撞击坑的形成过程如图 5-20 所示。流星体的高速撞击会使被撞击的物体发生压缩，并引发几乎瞬间的回弹，将物质从地表喷射出来。在地球上，撞击发生的速度能超过 50 千米 / 秒。以这么高的速度撞击所产生的冲击波，会使撞击的双方都被压缩。一瞬间，过度压缩的物质发生回弹并从新形成的撞击坑中爆炸性地喷射物质。这个过程和埋在地底下的爆破装置发生爆炸极为相似。此外，大型撞击坑中间通常有一个中央峰（见图 5-21）。这些中央峰也是地壳反弹的结果。

被称为"喷射物"的物质大多都落在撞击坑的边缘附近，并在那里堆积成环形山。撞击时，大型流星体可能会喷出大型喷射物，冲击周围的地貌，产生更小的结构，称为次级撞击坑。大型流星体会产生巨量的热量，足以熔化部分岩石并将其变成玻璃珠喷射出去。在地球和月球上都已采集到以这种方式形成的玻璃珠标本，以及被撞击产生的热量焊接在一起的碎屑形成的熔融角砾岩。

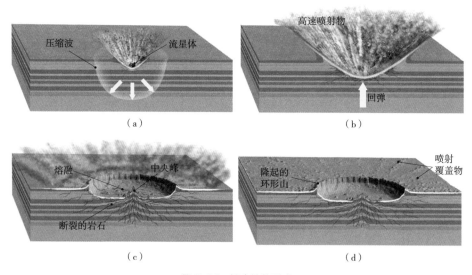

图 5-20　撞击坑的形成

图（a），高速天体的能量被转化为热量和冲击波。图（b），过度压缩的岩石的回弹导致一些残骸从坑中喷射出来，其中一些物质可能熔融并以玻璃珠的形式沉积。图（c），较大的撞击坑可能包含因撞击导致的岩石熔融区域，以及一个回弹的中央峰。图（d），喷射物在撞击坑周围形成了一层"毯子"。

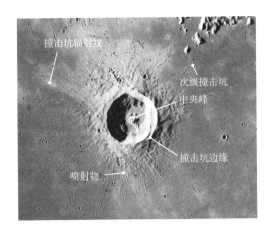

撞击坑辐射纹

次级撞击坑

中央峰

撞击坑边缘

喷射物

图 5-21 月球上的欧拉撞击坑

这个宽 20 千米的撞击坑位于雨海的西南部。从中，我们可以清晰地看到明显的辐射纹、中央峰、次级撞击坑，以及在坑边上大量堆积的喷射物。

资料来源：NASA。

Q4 为什么说地月系统独一无二?

地球是宇宙中独特的存在，不仅因为它是我们目前已知的唯一存在生命的星体，还因为它拥有独一无二的地月系统。

宇宙中拥有卫星的行星不只有地球，比如火星，它是除地球之外唯一拥有卫星的类地行星，但它的卫星很小，很可能是被俘获的小行星。还有木星，拥有约 150 颗卫星，大部分是由低密度的岩石和冰的混合物组成。但以上这些行星没有一颗像月球，月球是太阳系中相对行星来说最大的卫星。在本章的后续部分，我们将了解到，这独一无二的行星 – 卫星系统与其形成机理密切相关。

月球的直径是 3 475 千米，大约是地球直径（12 756 千米）的 1/4。在白天，月球表面的平均温度大约为 107℃，而在夜间则可降至 -153℃。由于它自转的速度和绕地球公转的速度一致，因此月球总是以相同的一面朝向我们。阿波罗计划的着陆点仅限于月球面向地球的那一侧。

月球的密度是水密度的 3.3 倍，相当于地球上地幔岩石的密度，但大大低于地球的平均密度（水密度的 5.5 倍）。月球对于地球的低质量，导致了其引力是地球引力的 1/6。月球的低质量（弱引力场）是其无法拥有大气圈的首要原因。

月球是如何形成的

此前，月球是地球最近的行星邻居，月球的形成一直都是科学家们争论不休的话题。现有的模型显示，地球太小，不可能产生卫星，更何况是这么大的卫星。而且，被捕获的卫星很有可能会像被类木行星捕获的卫星一样，有着偏心的轨道。

天文学家普遍认为，在 45 亿年前，一颗火星大小的天体和当时年轻且处于半熔融态的地球发生了碰撞，从而产生了月球。在这次碰撞期间，一些喷射出的残骸进入了绕地球旋转的轨道，并通过吸积而结合，最终形成了月球。计算机模拟显示，大部分喷射出的物质都源自这颗撞击天体的岩石地幔，而它的核被正在发育中的地球吸收了。这个撞击模型可以解释为何月球的内核较地球的内核小以及月球密度较低的现象。

月球表面

当伽利略第一次将望远镜对准月球时，他观察到两种地形：黑暗的低地和明亮但坑坑洼洼的高地（见图 5-22）。由于深色的部分看起来十分光滑，很像地球上的海洋，因此也曾被称为月海。"阿波罗 11 号"的任务探测最终表明，月海是由玄武岩熔岩构成的极其光滑的平原。这些广阔的平原主要集中于月球面向地球的一侧，覆盖了月球表面的 16%。在这些表面上缺乏大型火山锥就是玄武质熔岩流频繁喷发的证据，这与地球上的哥伦比亚高原的溢流玄武岩十分相似。

相对而言，月球上浅色的区域则与地球的大陆相似，所以第一位观测者称它为 terrae（拉丁文里"陆地"的意思），现在则称之为月球高地，因为相对于月海而言，它高出了几千米。从月球高地带回来的岩石主要是角砾岩，是在月球形成早期被大规模的撞击所粉碎形成的。月海和月球高地的排布，形成了传说中的"月亮上的人脸"。

最为明显的月球特征之一就是撞击坑。一颗直径 3 米的流星体即可炸出一个 50 倍于其尺寸的撞击坑（直径约为 150 米）。在图 5-22 中展示出了一些较大的撞击坑，比如开普勒撞击坑和哥白尼撞击坑（直径分别为 32 千米和 93 千米），就是由直径 1 千米甚至更大的流星体撞击而成的。

图 5-22 望远镜观测到的月球表面

主要特征是较暗的月海和较亮的遍布撞击坑的月球高地。

资料来源：Cristian Cestaro/Alamy Stock Photo。

月球表面的历史。 为了确定月球表面历史，科学家们对阿波罗计划取回的岩石进行了放射性定年。另外，他们还研究了撞击坑的密度：计算每个单位面积的撞击坑数量。撞击坑密度越大，就能推断该地表特征越古老。这些证据表明，在月球完成其吸积结合过程之后，它经历了以下 4 个时期：（1）原始月壳的形成；（2）碰撞形成大型盆地；（3）月海的填充；（4）辐射状撞击坑的形成。

在月球形成过程晚期，月球的外壳很可能处于完全融熔的状态，毫不夸张地说，就是一片岩浆海。然后，大约 44 亿年前，岩浆开始冷却，并经历了岩浆分异。大多数致密矿物（如橄榄石、辉石）都沉了下去，而较轻的硅酸盐矿物则浮上来，形成了月壳。月球高地就是由这些火成岩构成的，它们从结晶中的岩浆中像"浮渣"一样浮起。最常见的月球高地岩石类型为斜长岩，主要由富钙斜长石组成。

月球形成之后，其月壳就不断地受到撞击的影响，因为来自太阳星云的碎片会扫过月球。在这一时期，一些大的撞击盆地逐渐形成。然后，大约38亿年前，月球和太阳系的其余部分，都经历了一个陨石撞击率大幅下降的时期。

月球的下一个主要事件就是大型撞击盆地的填充，这个大型盆地至少形成于3亿年前（见图5-23）。根据放射性定年法，月海的玄武岩的年龄只有30亿～35亿年，比最初形成的月壳年轻。

学界认为月海玄武岩有可能发源于地下200～400千米处。它们的产生与放射性元素衰变放热导致的温度缓慢上升有关。部分熔融可能发生在几个不同的区域，从阿波罗计划带回来的岩石有着不同化学组成可以证明这一点。最近的一些证据表明，一些形成月海的喷发可能发生在10亿年前。

小行星大小的天体撞出了一个直径达几百千米的陨石坑，并影响了其周围的月壳

填充陨石坑的溢流玄武岩，可能来自月幔深处的部分熔融的岩石

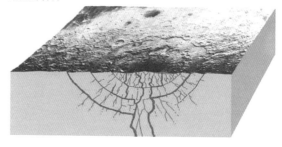

如今这些熔岩充填的盆地构成了月海，并且有些与水星上的大型结构相似

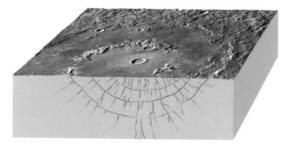

图 5-23　大型碰撞盆地的形成与充填

与这一火山活动时期有关的月球地表特征还包括：小型的盾状火山（直径为8～12千米）、火山碎屑爆发的迹象、狭窄蜿蜒的月谷（可能是坍塌的熔岩管）和类似地球上断陷山谷的长线型低地（月堑）。

最后形成的突出特征是辐射状撞击坑，以图5-23中的直径93千米的哥白尼撞击坑为例。从这些撞击坑里喷射出的物质覆盖了月海表面和许多更古老的、没有辐射条纹的撞击坑。相对年轻的哥白尼撞击坑大约形成于10亿年前。如果它在地球上形成，那么风化和侵蚀作用早就把它夷平了。

如今的月球表面。漫长的作用过程，使月球表面形成了当下的样貌。月球的轻质量和弱引力导致月球上没有大气和流水。一直以来塑造着地球地貌的风化和侵蚀作用，在月球上是不存在的。

此外，在月球上，构造力不再活跃，所以月震和火山喷发活动已经停止。由于月球没有大气圈的保护，月球表面的侵蚀主要由来自太空的微小颗粒（微陨石）的碰撞，持续的轰击使得月球的表面逐渐趋于光滑。这一过程使月壳的上部反复破碎和混合。

月海和月球高地都覆盖有一层灰色的松散碎屑，它们源于几十亿年前流星的轰击（见图5-24）。

这层像土壤一样的东西叫作月壤，是由火成岩、角砾岩、玻璃珠和月尘组成的。月壤的厚度为2～20米。在图5-24中，宇航员哈里森·施米特（Harrison Schmitt）正在月球表面取样。

> **你知道吗？**
>
> 一个物体在月球上所受重力为地球上的1/6。如果一个人在地球上的体重是72千克，到了月球，他的体重只有12千克。但他的质量是不变的。这种差异使宇航员能够相对轻松地携带重型生命支持系统。宇航员在月球上的跳跃高度是地球上的6倍。

图 5-24　宇航员登陆月球

注意右侧插图中深陷入月球"土壤"里的脚印，但月壤并不是真正的土壤，因为它缺少有机质。
资料来源：NASA。

Q5　类地行星真的"类地"吗？

　　类地行星是太阳系中与地球类似的一类行星，它们通常具有与地球类似的物理特征和化学组成，如密度、质量、表面重力等。科学家们一直在对类地行星进行深入研究，以了解它们的性质和特征，以及是否有可能存在外星生命。按离太阳由近至远排序，类地行星依次是水星、金星、地球和火星。由于本书的其他部分主要关注地球，因此我们接下来要关注的是其他三颗星球。

水星，最内侧的行星

　　水星是太阳系最内侧也是最小的行星，它绕太阳公转的速度很快（公转周期为 88 个地球日），但自转速度很慢，水星的昼夜交替周期长达 176 个地球日，与地球的 24 小时相比十分漫长。水星上的一个晚上相当于地球上的 3 个月，白天也是如此。水星上的昼夜温差最大，夜间温度低至 -173℃，白天温度高达 427℃，足以熔化锡和铅。这种极端温差使得我们已知的生命形式无法存活于水星之上。

水星会吸收绝大部分照射到它身上的太阳辐射，其反射率仅为 6%，这是大气圈稀薄甚至没有大气圈的类地行星的一个特征。水星上极少量的大气有着几种来源，包括来自太阳的电离气体、彗星撞击中蒸发的冰，以及水星内部向外释放的气体。

尽管水星很小，而且科学家最初曾预测该星球的内核早已冷却，但 2012 年"信使号"探测器的探测结果显示，水星的磁场强度大约是地磁场强度的 1%，这说明水星内核拥有一个高温且具有对流的外核，因为这是产生磁场的必要条件。

水星和月球有很多相似之处，比如较低的反射率、没有大气、火山地貌众多，以及较显著的多撞击坑地貌（见图 5-25）。水星上已知的最大撞击坑（直径 1 300 千米）是卡洛里斯盆地。"信使号"收集到的图像和数据显示，在卡洛里斯盆地以及其他小盆地的内

○ 你知道吗？ ·

系外行星是围绕太阳以外的恒星运行的行星体。尽管人们一直认为可能存在系外行星，但是直到 1995 年，科学家才首次发现了一颗围绕稳定恒星（飞马座 51）运行的系外行星。随着开普勒太空望远镜的发射，已经发现了 1 000 多颗系外行星，另外还发现了 3 000 颗未经证实的行星。开普勒太空望远镜的仪器是一个光度计，可以连续监测 140 000 多颗恒星的亮度。科学家对收集到的数据进行分析，以检测系外行星经过其母恒星前时引起的周期性光线变暗。根据迄今为止收集的数据，平均而言，至少有一颗行星围绕着一颗恒星运行。显然，大量位于银河系的系外行星再次引发了人们对寻找外星生命的兴趣。

图 5-25 水星

这张高分辨率的彩色增强图像，由环绕水星的"信使号"探测器拍摄的数千张图像拼合而成。

资料来源：NASA EOS Earth Observing System。

部和周遭，都有火山活动的痕迹。水星有着较平坦的平原，占据了"信使号"拍摄到区域的 40%，这一点也与月球十分相似。大多数平坦地区都与大型撞击坑有联系，包括本身以及周边洼地被岩浆部分填充的卡洛里斯盆地。因此，这些平坦盆地的形成与月海十分相似。最近，"信使号"在卡洛里斯盆地发现了一些与地球相仿但规模更大的溢流玄武岩省，这就是火山活动的证据。此外，研究人员在最近的探测中惊讶地发现了水星极地撞击坑中疑似冰盖的景观。

金星，朦胧的行星

金星在夜空中的亮度仅次于月亮，以罗马神话中爱与美之女神维纳斯的名字命名。金星的公转轨道近乎正圆形，公转周期为 225 个地球日。金星和其他星球的自转方向是相反的（逆旋），且自转速度十分缓慢，一个金星日大概等同于 243 个地球日。金星有着类地行星中最稠密的大气，大部分由二氧化碳构成（占 97%），堪称极端温室效应的典型。因此，金星日夜均温大约能超过 450℃。由于其稠密大气内混合效果很好，金星表面的温度变化总体不大。对金星表面极端且均衡的高温加以研究，科学家能更充分地理解温室效应是如何影响地球的。

目前的研究显示，金星的内部组成很可能与地球类似，但金星的磁场微弱，说明其内部的动力学机制与地球大相径庭。科学家认为，地幔对流在金星上起作用，但是板块构造的过程，也就是使坚硬的岩石圈循环的过程，似乎并不是造就金星现在的地形的原因。

近距离观测金星是一件不容易的事，主要是因为金星表面被一层主要由微小的硫酸雨滴组成的厚云层遮盖得严严实实。1961 年到 1984 年，苏联的 10 个探测器克服了金星表面高温高压的环境，成功着陆并获取了表面图像。然而不出所料，着陆不到一小时后，所有的探测器被近乎为地球气压 90 倍的超高大气压给压碎了。通过雷达测绘的手段，无人探测器"麦哲伦号"很细致地测绘出了金星的表面（见图 5-26）。

金星地表高程

低 ——————> 高

图 5-26　金星表面的全局视图

这张由计算机生成的金星假彩色图像是根据
多年的调查而构建的，人类对金星的探测最
终以"麦哲伦计划"而结束。图中显示遍布
整个金星的弯曲且明亮的地貌，那是阿佛洛
狄忒高地东部高度断裂的山脊和峡谷。

资料来源：NASA。

在金星上已经发现了几千个撞击坑，这远少于水星和火星，但比地球多很
多。研究人员原以为，金星会出现大范围撞击时期留下的撞击坑，结果却发现，
一段大规模火山活动时期重新塑造了金星表面。金星厚重的大气圈通过分解外来
流星体和焚毁大部分小碎片，使撞击次数大幅降低。

金星表面约 80% 由低洼平原组成，这些平原被熔岩流覆盖，其中一些熔岩
流沿着绵延数百千米的熔岩通道蔓延。金星的巴尔提斯峡谷是太阳系中已知的
最长熔岩通道，在金星上蜿蜒 6 800 千米。在金星上已经发现并确认了超 1 000
个直径大于 20 千米的火山。然而，超高气压使得火山内的气体成分无法逸出。
这阻碍了火山碎屑物质的产生及岩浆的喷发，以及其他能使火山锥变得更陡峭
的一系列现象的发生。此外，由于金星的高温环境，熔岩得以流得更远，流到
了离喷口很远的地方。这些因素都使得金星上的火山比地球和火星上的火山更
平坦、宽阔（见图 5-27）。马亚特火山是金星上最大的火山，高约 8.5 千米，
宽约 400 千米。相比之下，地球上最大的火山冒纳罗亚火山，高约 9 千米，宽
仅 120 千米。

图 5-27　金星上的马亚特火山

马亚特火山是一个高约 8.5 千米、宽约 400 千米的火山。前景中较亮的区域是熔岩流，该图垂直比例被夸大了约 22 倍，因此火山侧面比实际情况更陡峭。

资料来源：NASA/JPL。

金星也有主要的高地，由高原、山脊和从平原上隆起的地形组成。这些隆起被认为是炙热的地幔柱遇到了金星地壳的底部，后者由于受到高温影响抬升而成。金星上大量的火山活动都与地幔物质上涌有关。从欧洲航天局的"金星快车号"探测器收集到的数据来看，金星的高地上存在着许多富硅质的花岗岩。因此，这些隆起的陆块与地球大陆相差无几，只不过规模小了许多。

火星，红色的行星

火星的直径约为地球的一半，公转周期为 687 个地球日。平均地表温度范围从冬季极地的 -140℃ 到夏季赤道的 20℃。尽管季节性温度变化这一点和地球十分相似，但因为火星的大气圈很薄，仅为地球的 1%，一天内的温度变化范围比地球大。稀薄的火星大气主要由二氧化碳（95%）组成，还有少量的氮气、氧气和水蒸气。

地形。和月球一样，火星也布满了撞击坑。较小的撞击坑通常充满了被风吹来的微小灰尘，这证实了火星是一个干燥的沙漠世界。火星略显红色是因为存在铁的氧化物（铁锈）的缘故。大型撞击坑为我们提供了有关火星表面性质的信息。例如，如果行星表面是由干燥岩石碎屑构成的，那么火星上的喷射物应该与月球上撞击坑周围的相似。但是围绕火星撞击坑的喷射物有着不同的外观：它们看起来像是从坑里崩出来的泥浆。行星地质学家推测，在火星表面下应该存在着一层冻土，而撞击将其加热并熔化，形成类流体外观的喷射物。

　　火星地表约有 2/3 是布满撞击坑的高地，主要集中于火星的南半球（见图5-28）。极端撞击坑形成时期发生在火星历史的早期，在约 38 亿年前结束，与太阳系中其他地方一样。因此，火星高地和月球高地在年龄上是相近的。

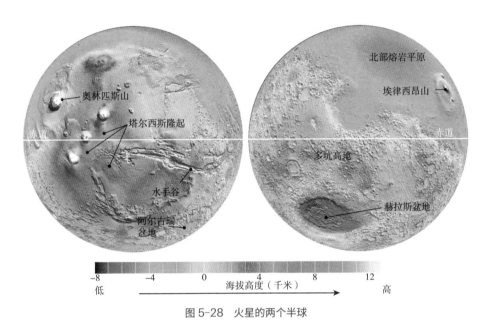

图 5-28　火星的两个半球

颜色代表相对火星平均半径的海拔高度，白色代表高出平均12千米，深蓝色代表低于平均海拔高度8千米。
资料来源：NASA/JPL。

　　北部平原占据了 1/3 个星球，根据撞击坑数量相对较少这一点可以判断，它要比高地的年龄小一些。如果火星上曾经存在着水的话，那么水会因为北部地势较低，而汇聚成一片汪洋大海（如图 5-28 中蓝色部分所示的较低地势）。北部平原有着相对平坦的地形，有可能是太阳系中最平坦的表面，是由玄武质岩浆溢流冷却后形成的。我们在这些平原上可以看到火山锥，有些山顶有坑（火山口），以及有褶皱边缘的熔岩流。

　　围绕火星赤道有一处较大的隆起,其面积与北美洲相仿,叫作塔尔西斯隆起。这一地貌大约有 10 千米高,似乎经历了抬升并被大量的火山岩所覆盖,而其中还包括太阳系最大的火山。

　　创造了塔尔西斯隆起的构造力也创造了从其中心向外辐射的断裂地貌,就像自行车轮上的辐条一样。沿着其隆起部分的东侧,有一系列广阔的峡谷,叫作水手谷。水手谷大到可以在图 5-28 中所示的火星遥感图像上看到。这个峡谷网络很有可能形成于向下的断层作用,而非像亚利桑那州大峡谷那样源于河流的侵蚀作用。因此,它由类似东非裂谷的地堑山谷构成。一旦形成,水手谷便会在水力侵蚀和谷壁坍落的影响下而逐渐扩大,最终形成的主峡谷长超过了 5 000 千米,纵深 7 千米,宽 100 千米。

　　火星地貌的另外一大特点是大型撞击盆地。赫拉斯盆地是这个星球上最大的可辨认的撞击地貌,直径约 2 300 千米,并且处在火星地势最低的地方。从这个盆地里喷出的碎屑堆成了其周边的一些高地。在其他被掩埋的撞击坑盆地中,可能存在比赫拉斯盆地更大的盆地。

　　火星上的火山。在火星大部分的地质时期,火山活动都十分普遍。在一些火山表面上缺少撞击坑,说明这个行星依旧充满活力。火星上有几个太阳系中已知的最大的火山,包括最大的奥林匹斯火山,其占地面积同亚利桑那州一样大,且高度为珠穆朗玛峰的 3 倍。这个大块头最近一次爆发是在几百万年前,很像地球上的夏威夷火山(见图 5-29)。

　　火星上的火山为什么会比地球上

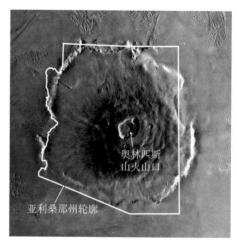

图 5-29　奥林匹斯火山

这个在火星上巨大但并不活跃的火山,覆盖的面积约有亚利桑那州那样大。

资料来源:NASA。

的火山大那么多呢？类地行星上的火山往往是由深部的地幔柱上涌形成的。在地球上，板块漂移使得地壳不同部分的位置一直在发生变化。因此，地幔柱更倾向于创造出链式火山群结构，如夏威夷群岛。相比之下，火星上几乎不存在板块构造，所以连续的喷发都会累积在同一位置处。因此这就导致了奥林匹斯火山的形成，而非一串小型火山。

火星上的风蚀作用。一般来讲，火星地表地貌的主要塑造力是风蚀作用。超大型的沙尘暴风速可高达 270 千米 / 时，通常能持续数周。科学家已拍摄了火星上的尘卷风。大部分火星上的地貌都与地球上的岩石沙漠相似，有着大量的沙丘以及被沙尘掩盖了的低洼地。

火星上过去的水。相当多的证据表明，在火星形成初的 10 亿年里，有液态水在表面流动，塑造着河谷以及一些相关的地貌。从火星勘测轨道飞行器捕获的图像里，可以看到一处曾有流水参与塑造的峡谷地貌（见图 5-30）。注意这个像河流一样的河岸，它有着许多泪滴状的岛屿。这些峡谷似乎是被千倍于密西西比河流量的灾难性洪水给截断了。大多数的大型洪水通道，形成于地表崩塌的形成的凌乱地貌。而塑造了这些峡谷的水的来源，则最有可能是地下冰融化出的水。当然，并非火星上的所有峡谷，都是因为这种水的释放过程而形成的。有些呈现树枝状的结构，这种像树一样的模式像极了地球上的树状水系。

图 5-30　跟地球上河道相像的痕迹，有力地证明了火星上曾经存在水

右侧插图展示了一个河流环绕着的岛屿的特写，流水会在这里遇到障碍。

资料来源：NASA。

2012 年 8 月 6 日，"好奇号"火星探测器在盖尔撞击坑附近着陆，其中包含了 NASA 所说的夏普山。而我们也同样好奇：这次对火星的探索将揭示哪些关于火星的宜居性、气候以及地理特征的信息。

现在的火星上有液态水吗？ 没有液态水，已知的生命形态就不可能存在。因此，我们对在太阳系其他天体上探测液态水有着极大的兴趣。

NASA 的火星勘测轨道飞行器上的高分辨率照相机最近拍摄的图像显示了火星上的深色条纹，名为反复斜坡线（见图 5-31）。研究人员认为，这些季节性出现在陡峭、相对温暖的火星斜坡上的条纹是由盐水流动造成的。虽然这些黑色条纹只有 0.5～5 米宽，但它们可以向下延伸数百米。此外，这些特征在温暖的天气中出现，在温度下降时消失，进一步证明液态水可能参与了它们的形成。

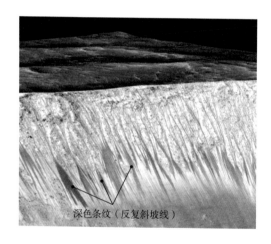

深色条纹（反复斜坡线）

图 5-31　火星上的暗黑色条纹被认为是因咸水的流动形成的

这些条纹被称为反复斜坡线，在火星陡峭温暖的斜坡上发现，并在寒冷季节消失。

资料来源：NASA。

这些深色条纹的发现对未来的探索任务具有重要意义。到 21 世纪 30 年代末，假如按照计划宇航员被送往这颗红色星球时，液态水，即使是非常咸的水，将为火星上的人类探险家提供急需的水源。

NASA 的"凤凰"火星探测器深入火星表面，向我们展示了在极地纬度约 30 度的地方，距离火星表面不到 1 米深的地方存在冰层。此外，火星永久性的极地冰盖主要由水冰组成，在寒冷季节被一层薄薄的二氧化碳冰覆盖。根据目前的估计，火星极地冰盖所含的最大水冰量约为格陵兰岛冰盖的 1.5 倍。

2018 年，研究人员发现了强有力的证据，表明在靠近火星南极的极地冰盖下可能存在着一个相对较大的液态水体，这一发现是基于欧洲航天局"火星快车号"探测器上的探地雷达获得的数据。这些雷达数据表明，火星南极地区被许多冰层和碎屑覆盖，深度约为 1.5 千米。在冰层底部还探测到了特别强烈的雷达反射。对这些强雷达信号特性的分析表明，它们很可能是从极地冰盖和下面液态水体之间的边界反射出来的。这一发现让人想起了沃斯托克湖，它位于地球上南极冰盖下约 4 千米的地方。一些微生物能在地球的冰下环境中繁衍生息，但火星上的盐水能否为类似的生命形式提供合适的栖息地呢？这仍然是一个问题。

Q6 我们可能生活在类木行星上吗？

4 颗类木行星，按离太阳的位置从近到远依次是：木星、土星、天王星、海王星。由于其在太阳系中所处的位置，还有其大小及构成，我们有时也称之为外行星或气态巨行星。

类木行星是太阳系中一类独特的行星，表面特征较为多样，如木星和土星具有大红斑和白斑等天气现象，天王星和海王星则较为平静。类木行星在太阳系中的角色同样非常重要，它们不仅对太阳系的整体稳定性和行星排列有重要作用，还对类地行星的轨道和运动产生影响。此外，类木行星的大气圈和磁场等特征也为科学家们提供了研究宇宙中物质分布、化学反应以及天体演化的重要线索。

木星，巨人行星

作为众行星之中的巨星，木星的质量是太阳系中所有其他行星、卫星以及小行星质量总和的 2.5 倍。然而，与太阳相比，它就相形见绌了，其质量不过是太阳的 1/800。

木星绕太阳的公转周期为 12 个地球年，其自转速度则是行星之最，几乎在10 小时之内就能自转一圈。当用望远镜观测时，其高速自转的效应十分明显。

凸起的赤道区域和扁平的两极便是证据（见表 5-2 中的"极向扁率"）。

　　木星的外观与其大气圈中主要的三层大气反射的光有关（见图 5-32）。最温暖、位置最低的层主要由水冰构成，呈现蓝灰色，但其在可见光图像中是不可见的。中间层温度较低，由褐色到黄褐色的铵云构成。这些颜色被认为是木星大气中化学反应的副产物。在其大气的顶部，存在着一条白色的氨冰云。

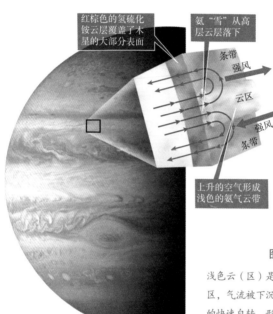

红棕色的氢硫化铵云层覆盖了木星的大部分表面

氨"雪"从高层云层落下

条带

强风

云区

强风

朵带

上升的空气形成浅色的氨气云带

图 5-32　木星大气的结构

浅色云（区）是热物质上升和冷却的地方。在较深色的云区，气流被下沉和升温主导。这种对流环流，再加上木星的快速自转，形成了我们观察到的条带之间的高速风。资料来源：NASA。

　　由于木星存在着巨大的引力场，其直径每年都收缩几厘米。这个收缩产生的热量，便是驱动其大气旋转的动力来源之一。因此，与地球上由太阳能驱动的风不同，木星上的大气对流是由其内部散发出来的热量驱动的。

　　木星上大气的对流流动产生了交替的深色带和浅色区（见图 5-32）。浅色云（区）是热物质上升和冷却的地方，而深色带则为冷物质下沉和加热的地方。这种对流性的环流，再加上木星的快速自转，形成了我们观察到的条带之间高速的东西向气流。

木星上最大的风暴叫作大红斑。这个巨大的反气旋风暴有地球的 2 倍大，300 年前就为人所知。除了大红斑以外，还有许多白色和褐色的椭圆形风暴。白色椭圆形风暴是巨大风暴的冷云顶，比地球上的飓风大很多，褐色的风暴云停留在大气圈中较低的位置。许多白色椭圆形风暴中的闪电已被"卡西尼号"探测器拍摄下来，但这种闪电出现的频率比地球上的频率低。

木星的磁场是太阳系中最强的，很有可能是由绕其核心旋转的液态金属氢层产生的。科学家也曾拍摄到过与磁场有关的明亮极光。与地球的极光不同，木星的极光不需倚靠强烈的太阳活动，因而可以持续长久地存在。

木星的卫星。 木星的卫星系统，包括迄今为止已发现的 79 颗卫星，像极了一个小太阳系。1610 年，伽利略发现了 4 颗最大的木星卫星，因此这 4 颗卫星也被称为伽利略卫星（见图 5-33）。最大的两颗卫星，木卫三（伽倪墨得斯）和木卫四（卡利斯托），大约与水星一样大；而另外两个小一点的，木卫二（欧罗巴）和木卫一（艾奥），大约同月球一样大。8 颗最大的木星卫星似乎是在太阳系形成之初就存在了。

木星还有许多非常小的卫星，大部分的自转方向与木星最大的卫星相反（逆旋），且轨道向木星的赤道急剧倾斜。这些卫星可能是小行星或彗星，它们经过木星附近时距离太近，被木星的引力捕获，或者可能是较大天体碰撞的残留物。

截至目前，科研人员对木星进行了多种观测，其中"旅行者 1 号"和"旅行者 2 号"传回来的图像让科学家们大吃一惊，这 4 颗最大的卫星每颗都是一个独特的世界（见图 5-33）。"伽利略号"也意外地发现了每颗卫星的构成都大相径庭，这也暗示着卫星各自有着不同的演化史。例如，木卫三的动态内核能产生较强的磁场，而在其他卫星上观测不到这样的磁场。

最内侧的伽利略卫星木卫一，或许是太阳系中最为活跃的天体，总计已发现了超 80 座含硫的活火山。从其地表到超过其高度 100 千米的地方，都能观察到伞状柱体（见图 5-34a）。火山活动的热源，来自其他卫星与木星间不间断的"拔河"引起的潮汐效应，而绳子正是木卫一。木星和其他卫星的引力场共同作用在木卫一略微偏斜的轨道上，反复推拉着木卫一的潮汐起伏，也使其交替着靠近和远离木星。引力场的扭曲转化为热量（就像反复掰弯一张薄金属片使其发热一样），并引发了令人震撼的含硫活火山的喷发。此外，由硅酸盐矿物构成的岩浆，也会有规律性地在表面喷发（见图 5-34b）。

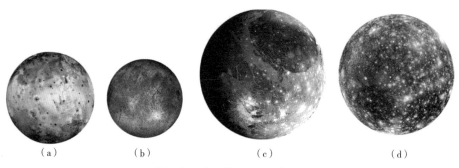

图 5-33　木星的 4 颗最大的卫星

图（a），木卫一是太阳系中已知现存的火山活动最活跃的天体，含有 80 多个含硫活火山结构。图（b），木卫二的冰表面非常平坦，被认为覆盖着由咸水组成的广阔海洋。图（c），木卫三是最大的木星卫星，它上面既有光滑的区域也有坑坑注注的区域，这表明这个天体仍然活跃。图（d），木卫四是伽利略卫星中最外层的卫星，上面布满了撞击坑，很像月球。

资料来源：NASA。

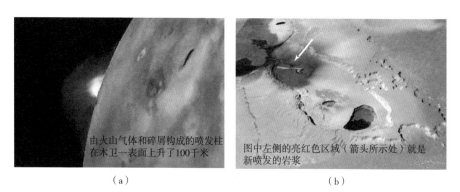

由火山气体和碎屑构成的喷发柱在木卫一表面上升了100千米

（a）

图中左侧的亮红色区域（箭头所示处）就是新喷发的岩浆

（b）

图 5-34　木卫一上的火山喷发

资料来源：图（a），NASA；图（b），University of Arizona/JPL/NASA。

比地球更靠近太阳的行星，一般都太热以至于无法保留液态水，而更远的行星则因太冷而没有液态水（尽管有一些证据表明火星过去曾有着大量的液态水）。在太阳系中寻找液态水的最有前景的地方，就是木星卫星的冰层之下。例如，在木卫二约25千米厚的外冰层下，就可能埋藏着一个液态水的海洋。从"伽利略号"传回的详细图像中可以发现，木卫二的冰层表面十分年轻，并存在裂缝，在裂缝下方能看到黑色的液体。这说明在其冰壳之下，必定存在一个温暖的流动的内层，这或许就是海洋。由于液态水是我们所知的孕育生命的必然条件，因此值得考虑一下是否要向木卫二发射一颗轨道器，或是能搭载潜水机器人的着陆器，以探明是否存在生命。

木星的环。"旅行者1号"令人震惊地发现了木星的环系统。最近，"伽利略号"探测器对环系统进行了彻底的研究。通过分析这些环是如何散射光线的，研究人员发现这些环是由细微的跟烟雾粒子差不多大小的深色颗粒物质组成的。此外，光环微弱的性质还表明，这些微小的粒子分布十分广泛。主环被认为是由木卫十五和木卫十六这两颗木星小卫星表面脱落的碎片组成的。木卫五和木卫十四上碰撞产生的碎片有可能是外环的物质来源。

土星，优雅的行星

土星与太阳的距离是木星与太阳距离的2倍，需要超过29个地球年才能完成一次公转，但土星与太阳的大气圈、组成以及内部结构却非常相似。土星最为显著的特点就是土星环，最早在1610年就被伽利略发现了（见图5-35）。通过简陋的望远镜，伽利略观察到的环就像是临近土星的2颗小天体。50年后，荷兰天文学家克里斯蒂安·惠更斯（Christiaan Huygens）确定了它们的环状结构。

土星的大气圈和木星一样是动态的。尽管土星赤道附近的云带更微弱更宽，但也存在像木星大红斑这样旋转的"风暴"以及强烈的闪电。虽然土星大气的体积有93%是氢气，3%是氦气，但云却是由氨气、氢硫化铵以及水组成的，且都因温差而分离开来。像木星一样，其大气的动态过程也是由于收缩释放出的热量驱动的。

图 5-35　土星动态的环系统

两个较亮的环，分别被称作 A 环（外侧）和 B 环（内侧），二者被卡西尼环缝分隔开。另外一个小缺口也可以在 A 环的外侧看到，这就是所谓的恩克环缝。

资料来源：NASA。

土星的卫星。 土星的卫星系统包括 62 颗已知的卫星，其中被命名的有 53 颗。这些卫星在大小形状、表面年龄以及起源上都有着巨大的差异。其中 23 颗卫星是与母星一起形成的"原始"卫星。土星的许多卫星的形状都是不规则的，且直径只有几十千米。

土星最大的卫星土卫六（泰坦），比水星还要大，而且是太阳系的第二大卫星。2005 年，卡西尼－惠更斯探测器登陆土卫六，并拍摄获取了一些图像资料。土卫六地表大气压约为地球的 1.5 倍，而且其大气是由 98% 的氮气、2% 的甲烷以及微量的有机化合物组成的。土卫六有像地球一样的地貌以及地质过程，例如沙丘的形成以及由甲烷"雨"造成的河流侵蚀。此外，在泰坦星北半球地区似乎还存在着液态甲烷湖。

土卫二（恩克拉多斯）也是太阳系中一个独特的卫星，它是少数几个会喷出含有少量其他碎片的"流体"冰的卫星之一。这种惊人的火山活动被称为冰火山活动，它描述了由冰而不是硅酸盐岩石部分熔融而产生的岩浆喷发（见

图 5-36）。其释放的气体主要是水蒸气，可能是土星 E 环的物质补充来源。类火山活动通常发生在由 4 个较大的断崖地带构成的"虎纹"地区。

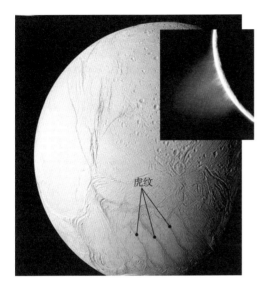

虎纹

图 5-36 土卫二是土星构造运动活跃的卫星，是一颗冰卫星

在北半球有一个 1 千米深的裂口，而右下角直线型的地貌，就是"虎纹"地区。插图显示了冰粒子、水和有机物从喷口中喷射的情景。

资料来源：NASA。

土星的环系统。土星的环系统，与其说是一堆独立的小环，更像是密度和亮度都处于变化之中的巨大旋转圆盘。每一个环都由独立的粒子构成——主要是水冰和较少的岩石碎屑。这些粒子在围绕着土星旋转的同时也在相互碰撞。环与环之间只有少量空隙。这些空隙看起来像是环的真空，但实际上要么含有细小的尘埃颗粒，要么含有被覆盖的冰颗粒，这些物质都不容易反射光线。

大多数的土星环按密度可以分为两类。土星明亮的主环被称为 A 环和 B 环，二者紧紧地包裹在一起，包含了大小从几厘米（鹅卵石大小）到几十米（房屋大小）不等的粒子，但大多数还是雪球大小的颗粒（见图 5-35）。尽管土星的主环（A 环和 B 环）宽为 40 000 千米，但其从上到下也不过只有 10～30 米厚。

与主环相对的是土星的弱环。土星的最外环（E 环）在图 5-36 中是看不见的，它由广泛分散的微小粒子构成。回想一下，那个冰火山活动显著的土卫二所喷发的物质就是 E 环的物质来源。

研究表明，附近卫星的引力牵引往往通过引力改变它们的轨道来引导环中的粒子（见图 5-37）。例如，非常狭窄的 F 环似乎就是两侧卫星的杰作，它们将试图逃逸的粒子限制于此，形成了环状区域。此外，卡西尼环缝是在图 5-35 中十分清晰可见的一条间隔带，也是在土卫一的引力作用下形成的。

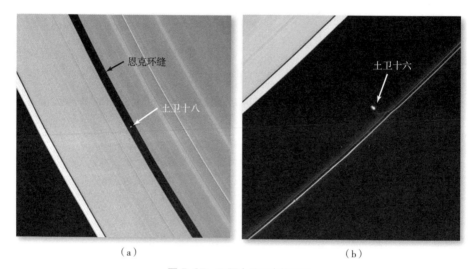

（a）   （b）

图 5-37 两颗土星环内的卫星

图（a），土卫十八是一颗直径约 30 千米的小卫星，在位于 A 环的恩克环缝中运行。它通过扫除任何可能进入的杂散物质来保持环缝畅通。图（b），土卫十六是一颗土豆形状的卫星，扮演着引导者的角色。它的引力有助于把小颗粒限制在土星的下环里。

资料来源：NASA。

一些环上的粒子被认为是从卫星喷射出的碎片。当然，在环和环卫星之间也有可能存在一个物质循环的过程。卫星横扫这些碎片，随后又因与大块碎片或其他卫星碰撞而喷射出一些物质。行星环似乎并非如我们想象的那样一成不变；恰恰相反，它们处在动态循环变化之中。

行星环的起源现在仍然有所争议。或许环是跟行星和卫星同时形成的，且其形成物质也相同：由环绕母星的扁平的尘埃和气体云凝结而成。环的形成时间也可能相对较晚一些，当行星因太过靠近其他行星而被引力场拉扯撕裂成碎片时，就逐渐形成了环。还有一个假说认为，一个外来的星体与土星的卫星发生了灾难性的撞击，而且这些碎片互相挤压，逐渐形成了一个平面，也就是一个薄薄的圆环。研究人员预计，随着"卡西尼号"继续其探索任务，人们将会得到更多有关土星环起源的信息。

孪生行星，天王星与海王星

尽管地球和金星有很多相似之处，但相比之下，天王星和海王星更配得上"孪生"的称呼。它们的直径几乎都一样（都约为地球直径的 4 倍），且都因其大气中含有甲烷而显现出蓝色外表。它们的自转周期几乎一样，且内核也均为岩质硅酸盐和铁，和其他的类木行星十分相似。然而，它们的地幔都主要是由水、氨和甲烷构成，这与木星和土星有很大不同。天王星和海王星最显著的一个区别就是其公转周期不同，天王星为 84 个地球年，海王星为 165 个地球年。

天王星，偏向一侧的行星。天王星的独特之处在于其自转轴的方向。其他行星在围绕太阳旋转时，像是一个旋转的陀螺，而天王星就像是被撞倒向一侧之后，依旧在旋转的陀螺（见图 5-38）。天王星这一不同寻常的特点有可能是因为，在其演化的早期，天体的一次或多次碰撞导致其轴向偏离了正常的方向。

图 5-38　被环和少量已知的卫星环绕着的天王星

从图中还能看到云团和一些椭圆形风暴系统。这张假彩色图像是根据哈勃太空望远镜的近红外摄像头获得的数据生成的。

资料来源：Erich Karkoschka（Univ. Arizona）/NASA。

有迹象表明，天王星上有比地球大陆更大的风暴系统。来自哈勃太空望远镜的图像显示，天王星上条纹状的云主要是由氨气和甲烷冰构成的，和其他类木行星一样。

天王星的卫星。"旅行者 2 号"传回的图像显示，天王星的 5 颗卫星有着各不相同的地貌。其中一些有又长又深的峡谷，以及一些直线形裂痕，而另一些则在布满撞击坑的表面拥有大片平坦的区域。NASA 的喷气推进实验室所做的研究发现，天王星的卫星中最靠近天王星的天卫五（米兰达），最近发生了一些地质活动，最有可能由引力加热驱动，就像木卫一上发生的那样。

天王星的环。1977 年的一个意外发现表明天王星有一个环状系统。这一发现是在天王星经过一颗遥远的恒星并挡住它的光线时发现的，这个过程被称为掩星。观察者发现，在掩星过程开始之前，行星闪烁了 5 次（意味着有 5 个环），而掩星过程之后，它又闪了 5 次。最近的地面和太空观测表明，天王星至少有 10 个边缘清晰的环围绕其赤道区域运行。而在这些独特结构之中，还散落着大量的灰尘。

海王星：风之行星。由于海王星离地球实在是太远了，1989 年以前，天文学家对它的了解可谓少之又少。"旅行者 2 号"历时 12 年，行程接近 30 亿千米，为科研人员提供了一个观测太阳系最外侧星球的绝佳机会。

海王星有一个动荡的大气环境，与其他类木行星十分相像（见图 5-39）。记录中，环绕海王星表面的风速最高可达 2 400 千米 / 时，这使得海王星成为太阳系中风力最强盛的星球。另外，海王星上还出现了巨大的暗斑，被认为类似于木星大红斑风暴。然而，海王星上的风暴寿命相当之短，通常只有几年时间。海王星和天王星的另一个共同点是，在其主要的云层上大约 50 千米的地方，有白色的卷

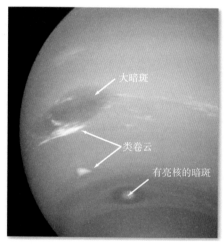

大暗斑

类卷云

有亮核的暗斑

图 5-39　海王星动态的大气圈

资料来源：NASA。

云状的云团（很有可能是冻结的甲烷）。

海王星的卫星。海王星有 14 颗已知的卫星，其中最大的就是海卫一（特里同），剩下的 13 个则为形状不规则的小天体。海卫一是太阳系中唯一一个表现出逆旋的大卫星，这说明它很有可能是独立形成的，后被海王星的引力场捕获。

海卫一和其他一些冰卫星会喷发出"流动的"冰，这是火山活动的一种惊人表现。冰火山指的是其喷发出的岩浆是半熔融态的冰，而非硅酸盐岩石。海卫一的冰岩浆是水冰、甲烷与氨的混合物。当处于半熔融态时，这些混合物就变得和地球上的熔岩一样。实际上，在到达地表时，这些岩浆可以产生安静的冰熔岩流，能从其源头流动非常远的距离，这与夏威夷岛上流淌的玄武质熔岩十分相似。也可以偶尔发生爆发性的喷发，产生类似于火山灰的冰。1989 年，"旅行者2 号"观测到了海卫一上活跃的喷发柱，它们上升到地表以上 8 千米的高空，且顺风飘散了 100 千米之远。

海王星的环。海王星有 5 个已命名的环，其中 2 个较宽，3 个较窄，窄的环宽度不过 100 千米。最外面的环有一部分被海卫六（伽拉忒亚）给限制住了。海王星的环与木星环一样，看起来很暗淡，这说明它们也是由尘埃大小的颗粒构成的。海王星的环还显现出一点红色，这意味着其中含有有机化合物。

Q7 为什么说小行星很像类地行星？

在广袤无垠的太空中，有无数的天体碎块处于八大行星之间或太阳系的最外围。2006 年，国际天文学联合会将太阳系中行星与卫星之外的天体分为两大类：（1）太阳系小天体，包括小行星、彗星和流星体；（2）矮行星。而在最新的分类中，矮行星包括了谷神星（小行星带中已知的最大天体，直径约 1 000 千米）和冥王星（前九大行星之一）。

小行星和流星体的成分非常相似，是由岩石质或金属质的物质构成的，这与类地行星相像。但在体型上二者截然不同，小行星比流星体大得多，尽管确切的大小差异尚未明确定义。此外，彗星来自太阳系边缘，由冰、尘埃以及小岩石颗粒组合而成。

小行星，残余的星子

2001 年 2 月，一艘美国的航天探测器首次成功造访小行星。尽管航天器本身并非为着陆而设计，但近地小行星探测器"尼尔－舒梅克号"依旧成功着陆小行星爱神星（厄洛斯）的表面，并收集到了令行星地质学家既好奇又困惑的信息。

小行星是太阳系形成后残留下来的小型天体（星子），这意味着它们已经存在约 46 亿年之久。大多数小行星在火星和木星间的区域围绕着太阳旋转，而那个区域也就是我们所说的小行星带（见图 5-40）。只有 24 颗小行星直径超过了200 千米，直径超过 1 千米的小行星大约有 100 万～ 200 万颗，更小一点的小行星则多达数百万颗。有一些小行星的轨道偏心率过大，以至于十分靠近太阳，甚至有一些还会经常从地月之间穿过（穿越地球轨道的小行星）。在地球和月球上近期形成的撞击坑中，很多都来自小行星的撞击。因此，目前正进行以极高精度测量小行星轨道的观测计划。

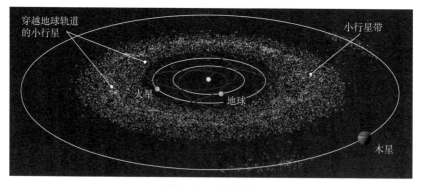

图 5-40　小行星带

大多数小行星的轨道位于火星和木星之间，红色标出的是一些近地小行星轨道。

由于大多数小行星的形状都很不规则，行星地质学家最开始也因此推测它们可能是原来在小行星带中的一些行星的碎片。然而，所有小行星的质量加起来也不过一颗中等行星质量的 1/1 000。现在，大多数科学家都认同这些小行星是太阳星云遗留下来的碎片。小行星的密度比科学家最开始预测的要小一些，说明它就像"成堆的瓦砾"一样，是在微弱引力场中松散吸积而成的天体（见图 5-41）。

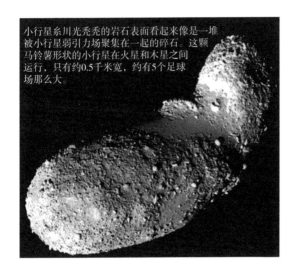

小行星系川光秃秃的岩石表面看起来像是一堆被小行星弱引力场聚集在一起的碎石。这颗马铃薯形状的小行星在火星和木星之间运行，只有约0.5千米宽，约有5个足球场那么大。

图 5-41　小行星系列

资料来源：Japan Aerospace Exploration Agency。

在飘向爱神星表面的过程中，探测器获得的一些图像向我们展示了小行星贫瘠的岩石地表，且颗粒大小不一，有细小的尘粒，也有直径 10 米多的巨型岩石。研究人员还意外地发现，细小的尘粒都集中在低洼地区，形成了像池塘一样平坦的沉积结构，而在低洼地区周围可以看到大量巨石。

解释这样巨石散布地貌的一个假说是，由于震动的作用，较大的岩块会上升而较细的物质会下沉。这和你摇晃装满沙子和鹅卵石的罐子时，发生的过程一样：较大的鹅卵石会上升，而沙子则会沉底（有时我们称之为巴西坚果效应）。

　　探索小行星。2005 年 11 月，日本的"隼鸟号"探测器成功着陆在一颗名为系川的小行星上；2010 年 6 月，"隼鸟号"携带着一些岩石碎屑回到了地球。对于标本的分析表明，这个小行星在成分和构成上与岩石质流星体都完全一致。日本在 2014 年发射了"隼鸟 2 号"，它在 2018 年 6 月抵达小行星"龙宫"，并通过撞击该小行星表面，在其表面制造撞击坑，并将部署一台小型着陆器与三个探测车，进行近距离观察并收集数据。"隼鸟 2 号"已于 2020 年 12 月返回地球。

彗星，脏兮兮的雪球

　　相较于小行星，人们对于彗星比较耳熟，并且早在数千年前，就已开始有人类对彗星的记录。

　　彗星像小行星一样，都是太阳系形成之初残余下来的物质。它们大多都是岩石、水冰、灰尘和固态气体（氨气、甲烷和二氧化碳）的松散结合体，也因此被称为"脏雪球"。最近针对彗星的太空计划显示出彗星的表面十分干燥且布满尘埃，这说明其彗星上的冰是掩盖在岩石碎片下的。

　　大多数彗星位于太阳系外缘，且其绕太阳的公转周期大都要数十万年。然而，少数的短周期彗星（运行周期在 200 年内的彗星），比如著名的哈雷彗星，其轨道会定期穿过太阳系的内部（见图 5-42）。而周期最短的彗星（恩克彗星）每 3 年绕太阳一周。

　　彗星的构造和组成成分。所有与彗星有关的现象都是因为其彗核。这种核结构的直径通常只有 1 ～ 10 千米，但也有 40 千米宽的核。当彗星到达距太阳 5 个天文单位以内的距离时，太阳的能量会使彗星的冰发生升华，这些逸散的气体会带走其表面的一些灰尘，从而形成叫作彗发的高反射率的光晕（见图 5-43）。在彗发内部，有时可以探测到直径几千米的小发光核。

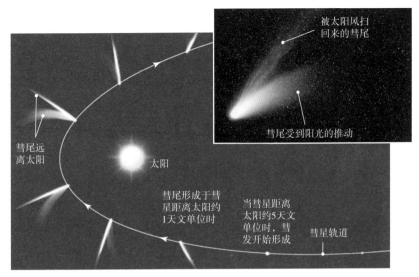

被太阳风扫回来的彗尾

彗尾受到阳光的推动

彗尾远离太阳

太阳

彗尾形成于彗星距离太阳约1天文单位时

当彗星距离太阳约5天文单位时，彗发开始形成

彗星轨道

图 5-42　彗星靠近太阳时彗尾方向的变化

资料来源：Dan Schechter/Science Source。

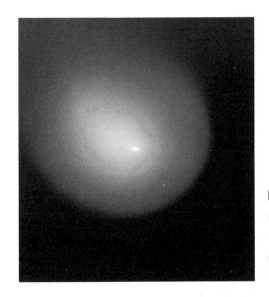

图 5-43　霍尔姆斯彗星的彗发和彗核

彗核就处于彗星的中央亮黄色斑点处。霍尔姆斯彗星，其运转周期只有 6 年，最近在进入太阳系内部时表现得异常活跃。

资料来源：NASA。

　　当彗星靠近太阳时，大多数彗星会形成延伸数亿千米的彗尾。彗星的尾巴以一种略微弯曲的方式背离太阳（见图 5-42），这使得早期的科学家坚信，太阳有一种将彗发中的粒子排斥开从而形成彗尾的力量。科学家曾假设了两种导致彗尾形成的作用力。其中一种是辐射压力，由太阳发出的太阳辐射（光）形成，而另一个则为太阳风，是太阳抛射出的带电粒子流。有时，我们只会看到一条含有尘埃和电离气体的彗尾，但通常来讲都能看见两条彗尾（见图 5-42）。较重的尘埃粒子会顺着彗星运行轨道形成一条彗尾，而较轻的电离气体由于被太阳径直"推开"了，也因此形成另一条彗尾。

当彗星沿着轨道离开太阳时，形成彗发的气体重新凝聚在一起，彗星便又会变回一个大冷库，而那些形成彗尾而被吹跑的尘埃物质则会永远逸散。当所有气体都逸散了之后，彗星便会怠惰得像一个小行星一样，依旧绕着太阳转，但不再有彗发和彗尾。科学家认为，很少有彗星能在与太阳近距离运行几百圈以上仍能保持活跃。

2015 年，欧洲航天局的"罗塞塔号"彗星探测器获得了楚留莫夫 - 格拉西缅科彗星（代号 67P）核心的近距离图像，为了解彗星活动范围提供了新视角。图 5-44 显示了从彗核中心区域喷射出的气体与尘埃射流，它们向图像右上方延伸。该图还显示了在明亮的阳光照射下，彗星表面逸出物质的模糊光芒。

图 5-44　代号 67P 的彗星的彗核喷出气体与尘埃

这颗彗星全名为 67P/ 楚留莫夫一格拉西缅科彗星，与其他彗星一样以其发现者的名字命名。它是内太阳系的常客，每 6.5 年绕太阳转一圈。

资料来源：European Space Agency。

彗星的领地：柯伊伯带和奥尔特云。大多数的彗星都起源于这两个地方之一：柯伊伯带或奥尔特云。天文学家杰拉尔德·柯伊伯（Gerald Kuiper）曾预言了柯伊伯带的存在，为了纪念他，人们便以他的名字为其命名。在柯伊伯带中存在着太阳系外轨道彗星，即运行轨道在海王星之外的彗星。这个盘状结构中包含一大群冰天体。然而，大多数的彗星太小而且离地球太遥远，就算是用哈勃太空望远镜也很难观测得到。

像在太阳系内部的小行星一样，大多数柯伊伯带里的彗星都有一个较为椭圆的轨道，且与行星轨道大致在同一个平面上绕太阳运行（见图 5-45a）。柯伊伯带内的两个彗星的偶然碰撞，或是类木行星之一的引力作用会大幅度改变其轨道，从而使得我们能够看到它们。

以荷兰天文学家扬·奥尔特（Jan Oort）的名字命名的奥尔特云，由分布在太阳系外围各个方位的冰质星子组成，在太阳系外围形成了一个球壳一样的结构（见图 5-45b）。大多数奥尔特云里的天体绕着太阳转动时，离太阳的距离都是地日间距的 50 000 倍。

一颗在远处路过的天体的引力作用就有可能不经意间将一颗奥尔特云带入一个偏心率很大的轨道里，使其偏向太阳。然而只有一小部分奥尔特彗星的轨道能延伸到太阳系内部。

你知道吗？

在两年的时间里，NASA 利用广域红外探测器扫描了天空。这项工作的一个目标是评估太阳系潜在危险小行星（PHA）的数量。PHA 是轨道距离地球较近的小行星，它们的大小足以穿过地球大气圈，并可能造成区域性或更大范围的破坏。根据广域红外探测器获得的信息，估计大约有 5 000 个 PHA 直径大于 100 米。

当一颗直径近 1 000 米的小行星掠过地球时，公众就会注意到这种致命性的危险。这次撞击未遂的小行星刚好比地球早 6 小时越过了地球的轨道。它以 71 000 千米 / 时的速度飞行，可能会形成一个直径 8 千米的撞击坑。正如一位观察家所说的那样："它迟早会回来的。"如此规模的撞击将对地球上的生命造成严重的后果。

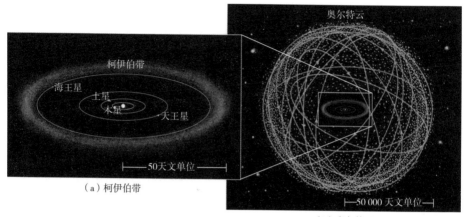

图 5-45   彗星领域：柯伊伯带和奥尔特云

大多数彗星位于如下两个地方：图（a），柯伊伯带位于海王星轨道之外，这是一个由冰状天体组成的圆盘，其轨道大致呈圆形，运动方向与行星相同。图（b），奥尔特云是一种球形云，包含着冰质星子，与太阳的距离大约是与地球距离的 50 000 倍。

流星、流星体和陨石

几乎所有人都见过流星，当流星划过天空时，它就像一条闪亮的银色绸带，快速地划过黑暗的夜空。它的轨迹有时会形成一条完美的弧线，有时则会划出一条直线，或者在某些情况下，直接以一种无法预测的方式消失在视线之中。

这些流星有的在眨眼的瞬间一闪而过，有的却能在夜空中存在几秒钟。当一个固体颗粒，即流星体，从外太空进入地球大气时，就会发生这种情况。流星体与大气间摩擦产生的热量会转化为光，这就是我们看到的流星划过夜空时留下的痕迹。大多数流星体有以下三个来源：太阳系形成期间，在行星横扫轨道的过程中，所遗漏的行星碎片；从小行星带里持续抛射的物质；经过地球轨道的彗星残余的岩石质和金属质物质。还有一少部分的流星可能是月球、火星或者是水星在经历与小行星的剧烈撞击时喷射出的碎片。在"阿波罗号"的宇航员从月球上带回岩石标本前，陨石（掉下来的流星）一直都是科学家们研究天外物质的唯一来源。

直径小于 1 米的流星体一般在到达地表之前被大气消磨殆尽。有些叫作微陨石的陨石太小，且其下落速率十分缓慢，像太空尘埃一般持续不断地飘向地球。研究人员估计，每天都会有成千上万个流星体进入地球大气。日落之后，天气晴朗之时，在地球上用裸眼便能看到一些较亮的流星。

流星雨。 有时，我们平均每小时能观测到的流星数量高达 60 次以上，这种景象，我们称之为流星雨，这主要发生在地球遇到一大群速度和方向与地球基本一致的流星时。这些流星群与一些短期彗星的轨道密切相关，强烈表明它们是这些彗星所损失的物质（见表 5-3）。一些与已知的彗星无关的流星群，很可能是一颗早已不存在的彗星核的散落碎片。比较有名的英仙座流星雨，每年 8 月 12 日都会光临地球，很可能是由先前靠近太阳的斯威夫特 - 塔特尔彗星喷射的物质形成的。

表 5-3　主要的流星雨

流星雨的名称	出现的大致日期	相关的彗星
象限仪座流星雨	1 月 4 日至 6 日	未知
天琴座流星雨	4 月 20 日至 23 日	C/1861GI 彗星（撒切尔彗星）
宝瓶座 η 流星雨	5 月 3 日至 5 日	哈雷彗星
宝瓶座 δ 流星雨	7 月 30 日	未知
英仙座流星雨	8 月 12 日	1862 三号彗星 （斯威夫特 - 塔特尔彗星）
天龙流星雨	10 月 7 日至 10 日	贾可比尼 - 秦诺彗星
猎户座流星雨	10 月 20 日	哈雷彗星
金牛座流星雨	11 月 3 日至 13 日	恩克彗星
仙女座流星雨	11 月 14 日	比拉彗星
狮子座流星雨	11 月 18 日	1866 一号彗星 （坦普尔 - 塔特尔彗星）
双子座流星雨	12 月 4 日至 16 日	未知

大多数大到足以穿过大气圈而撞击地球的流星体可能起源于小行星，与木星的偶然碰撞或引力相互作用改变了它们的轨道，将它们推向地球。地球引力完成了剩下的工作。

图 5-46　在撞击坑边上发现的铁陨石

资料来源：M2 Photography/Alamy Stock Photo。

陨石的类型。我们在地球上能发现的流星遗骸，就叫作陨石（见图 5-46）。按其组成成分进行分类的话，陨石可分为：铁陨石，主要成分是铁，另含 5% ～ 20% 的镍和微量元素；石陨石（也叫球粒陨石），硅酸岩矿物并包含有其他的矿物成分；石铁陨石，即前面两者的混合型。尽管石陨石最为常见，但发现的大多数还是铁陨石，因为铁质更能禁得起碰撞，更耐风化，可以很方便地与地球上的岩石区分开来。铁陨石很有可能是大型小行星或小型行星熔化的核部碎片。

来自陨石的数据已被用来确定地球的内部结构和太阳系的年龄。如果陨石代表了类地行星的组成，那么就会如一些行星地质学家所言，我们星球本身铁含量的占比一定大于现在的岩石表面。这也是地质学家认为地核大部分是由铁镍组成的原因。此外，对陨石应用放射性同位素定年法，结果表示，我们的太阳系已经有约 46 亿年的历史了，从月球标本中获得的数据也证实了地球的这一"高龄"。

少数非常大的陨石能在地表炸出撞击坑，与月球上的情况十分相似。至少有40 个地球上的撞击坑呈现出只有大型小行星，甚至是彗核的爆炸性撞击才能产生的特征。另有 250 多个较小的撞击坑可能是撞击起源。其中最引人注意的便是亚利桑那州的撞击坑，直径超 1 千米，深约 170 米，且其边缘向上翻起，高出周围的村庄一大截（见图 5-47）。在其周围地区发现了超过 30 吨的铁质碎片，但其主体却一直下落不明。基于在坑边缘观察到的侵蚀程度，这个撞击坑的形成时间应该不超 5 万年。

图 5-47 亚利桑那州温斯洛附近的撞击坑

这个坑直径 1.2 千米, 约 170 米深。太阳系中充斥着小行星和彗星, 它们撞击地球会产生极大破坏力。

资料来源: Michael Collier。

矮行星

在太阳系的行星中, 冥王星因其行星地位的争议而被人们熟知。

1930 年克莱德·汤博 (Clyde Tombaugh) 发现了冥星, 当时他正致力于寻找一颗尚未被发现的行星, 以解释天王星轨道的不规则。但天文学家很快就意识到, 冥王星太小太遥远了, 是不可能如此显著地影响海王星轨道的。后来, 随着卫星遥感图像技术的精进, 冥王星的预估直径得以更正。更正后的结果表明, 冥王星的

○─• 你知道吗? •─○

一种被称为碳质球粒陨石的石陨石含有有机化合物, 偶尔也含有简单的氨基酸, 它们是生命的基本组成部分。这类陨石的存在证实了观测天文学中类似的发现, 这表明星际空间中存在大量的有机化合物。因此, 一些研究人员得出结论, 地球上生命进化所必需的有机物质来自这种类型的石陨石。

直径约为2 370千米，约为地球的1/5，且不及水星的一半（水星在很长一段时间内被视为太阳系中的"侏儒"）。实际上，太阳系中还有7颗卫星也比冥王星大，其中包括月球。

（a）

（b）

图5-48　从美国宇航局的"新地平线号"宇宙飞船获得的冥王星图像

图（a），生成这张增强彩色图像是为了检测冥王星表面的成分和纹理差异。中下区域的明亮区域被非正式地命名为斯普特尼克平原，它主要由柔软而富氮的冰组成，在某些地方，这些冰看起来像地球上的冰川一样流动。图（b），这张特写图显示了右下角的人造卫星平面图，它在这个区域形成了一个几乎水平的平面，被分成了一个个很小的单元。左上角的区域由水冰块组成，一些水冰块高出周围平原约2.5千米。
资料来源：图（a），Johns Hopkins University Applied Physics Laboratory/Southwest Research Institute/ NASA；图（b），NASA。

当天文学家发现其他柯伊伯带的大型天体时，人们又将目光集中在了冥王星作为一颗行星的争议上。很快科学家就意识到，冥王星与太阳系内部的四大岩石行星和外部的4个气体巨星是完全不同的。

2006年，负责给天体命名和分类的组织——国际天文学联合会经过投票表决，新增一个天体类别，即矮行星。它们是一些绕着太阳运行的天体，因其自身引力场通常呈现球形，但由于自身体积太小，以至于无法将轨道清空。这样一来，冥王星就被划分到了矮行星的范畴内，并且是此类别天体的原型。其他的矮行星还包括阋神星、鸟神星、女王神星以及许多柯伊伯带天体以及已知最大的小行星——谷神星。

要点回顾
Foundations of Earth Science >>>

- 古希腊人持有地心说的宇宙观，认为地球是位于宇宙中心的一个静止球体，被月球、太阳和当时已知的水星、金星、火星、木星和土星等行星围绕地球运转。古希腊人相信，星星每天都在一个透明、中空的天体上绕地球运行。公元 141 年，托勒密记录了现在被称为托勒密体系的地心说。在超过 15 个世纪的时间里，这一体系成为人们对太阳系认知的主流观点。

- 现代天文学是在 14 世纪至 15 世纪发展起来的。哥白尼重建了"日心说"：太阳系以太阳为中心，行星围绕太阳运行。第谷·布拉赫对行星的观测比以往任何观测都要精确得多，这正是他留给天文学的遗产。开普勒利用第谷·布拉赫的观测结果，通过对行星运动三定律的阐述，为天文学的发展做出了革命性的贡献。伽利略支持哥白尼的日心说。伽利略还绘制了关于木星的 4 颗最大的卫星的运动图，证明了地球不是所有行星运动的中心。牛顿证明，行星的轨道是行星惯性（其直线运动趋势）和太阳引力共同作用的结果，太阳引力将行星轨道弯曲成椭圆形。

- 太阳系包括所有行星、矮行星、卫星和其他一些小型天体，而太阳是其中最大的天体。所有行星都按同一方向围绕太阳运行，速度与其到太阳之间的距离成反比：离得越近，速度越快；离得越远，速度越慢。星云理论描述了太阳系的形成。太阳系是由太阳星云发育而来的，然后因引力作用逐渐凝结。当大多数物质都聚集在太阳之中时，其余的物质在原始太阳的周围形成了大而厚的圆盘，随后聚集在一起，形成越来越大的天体。星子通过撞击形成原行星，原行星又发育成了现在的行星。

- 月球的组成和地球地幔的组成几乎一样。月球很有可能是由一颗火星大小的原行星与原始地球撞击形成的。月球主要由两种地形构成：由相对较古老的斜长石角砾岩构成的浅色陆地，也就是月球高地；由较年轻的溢流玄武岩构成的较暗的低洼地段，也就是月海。

- 水星是离太阳最近的行星。它的大气圈非常稀薄，磁场也很弱。金星与太阳的距离排在第二位，其地貌曾经历火山活动的重塑。火星与太阳系的距离排在第四位，是太阳所有行星中与地球最相像的一个。

- 木星与太阳的距离排在第五位，它非常大，相当于太阳系中除太阳外其他物质质量的总和。土星与太阳的距离排在第六位。和木星一样，它很大，本身近乎气态，拥有许多卫星。天王星和海王星与太阳的距离分别排在第七位和第八位。天王星和海王星十分相似，蓝色的大气中富含甲烷。

- 太阳系小天体包括岩石质的小行星和冰质的彗星。基本上这些小天体都是自太阳系形成之初留下来的残余物，或者是后期发生的碰撞所产生的碎片。大部分小行星都聚集在火星和木星之间一个宽阔的地带。彗星主要由冰构成，基本上都栖居于柯伊伯带（海王星轨道之外的小行星带）或奥尔特云之中。流星体是闯进地球大气的星际残骸，会发出耀眼的光，然后要么燃烧殆尽，要么砸在地表上变成陨石。

- 矮行星包括谷神星克瑞斯（位于小行星带）、冥王星以及位于柯伊伯带的阋神星厄里斯。它们是围绕太阳运行的球形物体，但其质量不足以清除其轨道上的碎片。

Foundations

of Earth Science

06

宇宙的尽头是什么?

妙趣横生的地球科学课堂

- 比太阳大 800 倍的恒星是什么颜色?

- 太阳的最终归宿是什么?

- 科学家是如何寻找黑洞的?

- 我们的银河系属于哪一种星系?

- 宇宙的最终宿命是什么?

在太阳系之外，除了未被探测到的黑洞，还有很多值得科学家继续研究的命题，这些命题有助于我们探索浩瀚宇宙的本质，帮助我们更深入地了解恒星的形成和衰亡、星系的分布、宇宙的尺度等。本章将探讨这些以及其他问题。

Q1 比太阳大 800 倍的恒星是什么颜色?

参宿四是猎户座中一颗明亮的红色超巨星，其半径约为太阳半径的 800 倍（见图 6-1）。如果这颗恒星位于我们太阳系的中心，它会延伸到火星轨道之外，地球会被埋在这颗超巨星里面。

早在 20 世纪，埃纳尔·赫茨普龙（Einar Hertzsprung）和亨利·罗素（Henry Russell）就各自独立地研究了恒星的真实亮度（绝对星等）与它们各自的温度之间的关系。他们的工作成果最终形成一种图，这就是赫茨普龙 - 罗素图（简称赫罗图或 H-R 图）。通过研究赫罗图，我们可以对恒星的大小、颜色和温度之间的关系有很好的了解。例如，据图我们知道最热的恒星是蓝色的，最冷的是红色的。

图 6-1　猎户座中明亮多彩的恒星

这个星座中最亮的恒星是左上角的红超巨星
参宿四和右下角的蓝超巨星参宿七。

资料来源：JohnChumack/ScienceSource。

请注意，图 6-2 中赫罗图上绘制的恒星并不是均匀分布的，大约 90% 的恒星落在从图左上角到右下角的条带上。这个条带上的恒星被称为主序星。如图 6-2 所示，最热（蓝色）的主序星本质上是最亮的，相反，最冷（红色）的是最暗的。主序星是相对稳定的恒星，它们通过在核心中将氢通过聚变反应形成氦来产生能量。

天文学家还发现，主序星的绝对星等与其质量直接相关。最热的（蓝色）恒星的质量可能是太阳的 200 倍，而最冷的（红色）恒星的质量可能不到太阳的 1/10。因此，在赫罗图上，主序星以降序排列，从更热、质量更大的蓝色恒星，到更冷、质量更小的红色恒星。

注意图 6-2 中太阳的位置。太阳是一颗黄色的主序星，其绝对星等或"真实"亮度约为 5。因为绝大多数主序星的星等在 -10（非常亮）和 20（非常暗）之间，所以太阳在此范围内的中点位置导致它被归类为"中等大小的恒星"。一定要记住，恒星星等的测量结果是数字越小，恒星越亮，反之亦然。

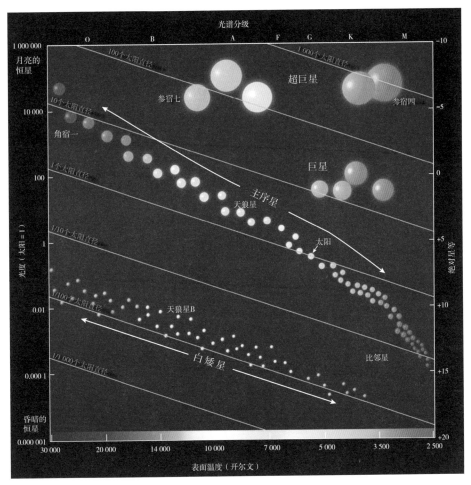

图6-2 赫罗图

天文学家根据恒星的温度和光度(绝对星等)绘制了这幅图,以研究恒星的演化。恒星温度以开尔文为单位,转换为摄氏度时要减去273。

　　将近90%的恒星的光度和温度都位于主序星带上,但也有少数恒星的特性不遵循主序星模式。在赫罗图上,主序星的右上方是一组非常明亮的恒星,被称为巨星,或者根据它们的颜色被称为红巨星。恒星的大小可以通过与具有相同表面温度的已知大小的恒星进行比较来估算。科学家发现,具有相同表面温度的恒星每单位面积辐射的能量是相同的。具有相同表面温度的两颗恒星在亮度上的任何差异都可以归因于它们的相对大小。因此，如果一颗红色恒星的亮度是另一颗红色恒星亮度的 100 倍，但它们的表面积差异也一定是 100 倍。因此，具有大辐射表面的恒星被恰当地称为巨星。

在赫罗图的下部，情况则正好相反。这些恒星比相同温度的主序星暗得多，并且根据前文相同的推理，它们要小得多，有一些近似于地球的大小（见图 6-2）。这些微小的恒星被称为白矮星。尽管它们的名字叫白矮星，但最热的白矮星其实是蓝色的，当它们冷却时，它们会逐渐变成白色，然后变成红色，最后变暗。

赫罗图是解释恒星演化的重要工具。恒星与生物类似，也有诞生、衰老和死亡的阶段。因为绝大多数恒星都位于主序星上，所以我们可以相对确定，大多数恒星在其大部分活跃期内都是作为主序星存在的。只有百分之几是巨星，大约 10% 是白矮星。

Q2　太阳的最终归宿是什么？

几十亿年后，太阳将耗尽其核心中剩余的氢燃料，这一事件将引发周围壳层的氢聚变。结果，太阳的外层将膨胀，产生一颗体积大数百倍、亮度更高的红巨星。强烈的太阳辐射会导致地球海洋沸腾，太阳风会驱散地球大气圈。再过 10 亿年，太阳将排出其最外层，产生壮观的行星状星云，而其内部将坍缩形成一颗致密的小型（行星大小）白矮星。由于体积小，届时太阳的能量输出将不到其当前水平的 1%。渐渐地，太阳会释放出它剩余的热能，最终变成一个冰冷的不发光天体。

现在，我们描述一颗恒星如何诞生、衰老和死亡的想法似乎有点自不量力，因为大多数恒星的寿命都有数十亿年。然而，通过研究处于生命周期不同阶段的具有不同年龄的恒星，天文学家已经能够建立起一个恒星演化模型了。

用于创建此模型的方法类似于外星人到达地球后如何见证人类生命的发展阶段。通过观察大量的人类,外星来客将见证生命的开始、发展以及死亡的整个过程。根据这些信息,外星人可以将人类的发展阶段纳入其对自然发展的认识当中。基于人类在每个发展阶段的相对丰度,他们甚至可以得出这样的结论:人类在成年后度过的时间比蹒跚学步的孩子要多。使用同样的方法,天文学家也拼凑出了恒星的生命故事。

图 6-3 说明了典型的类太阳恒星的演化阶段。

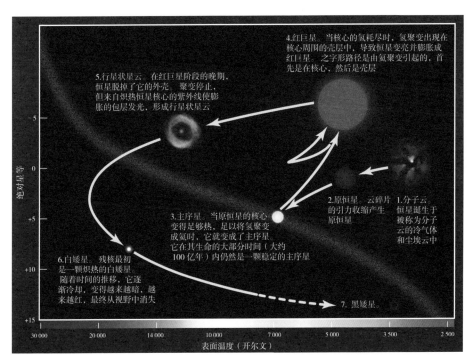

图 6-3　赫罗图阐明了一颗类日恒星的演化

恒星诞生

恒星诞生于星云中,其中富含尘埃与气体。在银河系中,这些星云大约由 92% 的氢、7% 的氦以及不到 1% 的重元素组成。

如果这些稀薄的气体云变得足够集中、质量足够大，它们就会开始因引力而坍缩（见图 6-3）。触发恒星形成的一种原因是由来自附近恒星（超新星）灾难性爆发的冲击波所致。热能的缓慢耗散也被认为是造成星云坍缩的原因。不管这个过程是如何开始的，一旦开始，粒子之间的万有引力将导致星云坍缩，把每个粒子拉向核心。

图 6-4 天鹰星云中的恒星形成区

这些黑暗、怪异的柱状结构是由冷却的星际尘埃、氢和氦组成的，它们是新恒星的孵化器。
资料来源：NASA。

恒星生命的每个阶段都受引力支配。在稀薄的气态云中，粒子的相互引力导致气休云自身坍缩。当云的中心受到难以想象的压力挤压时，它的温度会升高；最终它的核熔炉点燃，恒星就诞生了。恒星是由非常热的气体组成的球，夹在试图使其收缩的引力和试图使其膨胀的热核能之间。最终，恒星的核燃料耗尽，引力占据优势，恒星坍缩成小而致密的恒星残余物。

原恒星阶段

当星云坍缩时，引力势能转化为动能或热能，导致正在收缩的气体的温度逐渐升高。当这些气体的温度升到足够高时，就会以长波红光的形式辐射能量。不过，因为这些巨大的红色天体的温度还不足以进行核聚变反应，所以它们还不是恒星，更合适的名称为原恒星（见图 6-3）。

在原恒星阶段，引力收缩继续进行，起初很慢，然后就愈加快速。这种坍缩导致发展中的恒星的核心比其外层加热得更快。当核心达到 1 000 万开尔文的温度时，由于极端的温度和压力环境，以至于 2 个氢原子核（通过几个步骤的过程）融合成一个氦原子核，这个过程被称为氢聚变。

主序星阶段

氢聚变释放的大量热量导致恒星内部的气体粒子运动得更为剧烈，从而提高了内部气压（也叫作热压）。在某些时候，增加的运动会产生向外的力（气体压力），以平衡向内的引力。达到这种平衡后，恒星就变成了稳定的主序星（见图 6-3）。换句话说，在主序星这种恒星中，其引力试图将恒星挤压成尽可能小的球体，并与恒星内部核聚变产生的气体压力达成精确的平衡。①

在主序星阶段，恒星的大小或能量输出变化很小。氢不断地转化为氦，释放的能量使气压足够对抗引力坍缩。

恒星的这种平衡能维持多久呢？炽热的大质量蓝色恒星能以巨大的速度辐射能量，以至于它们仅在几百万年内就耗尽了核燃料，从而相对较快地结束了它们的主序星阶段。相比之下，最小的（红色）主序星可能需要数千亿年才能燃烧掉它们的氢，它们近乎是永恒的。一颗黄色的恒星，比如太阳，在大约 100 亿年的时间里仍然是一颗主序星。由于人类已知的太阳系历史大约为 50 亿年，因此在接下来的 50 亿年内，太阳应该仍将是稳定的主序星。

红巨星阶段

一颗普通恒星的生命中有 90% 的时间是作为一颗燃烧氢的主序星度过的。一旦恒星核心的氢耗尽，恒星就会迅速演化至死亡。更大的恒星演化速度更快。当恒星核部的氢消耗殆尽，只留下一个富含氦的中央核时，恒星就会变成红巨星（见图 6-3）。

此时虽然氢聚变仍在恒星的外层进行，但其核心的聚变已经停止。没有能量

---

① 在非常大的恒星中，辐射压，即光子逃离恒星内部时产生的力，也在支持恒星抵抗引力坍缩方面起着重要作用。

来源，核心中不再有足够的气体压力来支撑其抵抗引力。结果，核心开始坍缩。

恒星内部的坍缩使引力势能转化为热能，会导致其温度迅速上升。其中一部分能量向外辐射，在靠近核心的壳层中引发了更剧烈的氢聚变。外层氢聚变加速所产生的额外热量极大地扩展了恒星的气态外壳。类日恒星因此膨胀为红巨星，而最大质量的恒星将膨胀为比主序星大几千倍的超巨星。

当恒星膨胀时，其表面会冷却，因此表面呈红色。最终，恒星的引力使膨胀停止，而两种相反的力——引力和气体压力，再次达到平衡。恒星又进入稳定状态，但体积比之前大得多。有些红巨星会越过平衡点，像过度伸长的弹簧一样来回反弹。这些红巨星交替地膨胀和收缩，永远不会达到平衡，被称为变星。

当红巨星的外层膨胀时，其核心继续坍缩，核内温度最终将达到 1 亿开尔文。这个惊人的温度在核部引发了另外一种核反应，在这个反应中，氦原子转化为碳原子。这时，一颗红巨星同时消耗氢和氦来产生能量。在质量比太阳更大的恒星中，还会发生其他的热核反应，产生元素周期表上依序一直到 26 号铁元素的各种元素。

燃尽与死亡

红巨星阶段之后，恒星还会发生什么变化？我们知道，无论大小如何，恒星最终都将耗尽可用的核燃料并由于巨大的引力而坍缩（见图 6-5）。因为恒星的质量决定了它能变得多热，从而决定了它能维持的聚变反应，所以低质量恒星和高质量恒星有不同的命运。

低质量恒星的死亡。质量小于太阳质量的 1/2（0.5 个太阳质量）的恒星具有低表面温度（红色），并且由于它们的体积小，通常被称为红矮星（见图 6-2）。红矮星是宇宙中最常见的恒星，被认为至少可以保持稳定 1 000 亿年，甚至更长时间。因为低质量恒星的内部是对流的，氢和氦在恒星生命的大部分时间里不断混合。因此,这些恒星融合了它们所含的所有氢,而不仅仅是其核心区域中的氢,就像更大质量的恒星一样。因为这些恒星永远不会热到足以引发氦的聚变,所以它们不会膨胀成红巨星(见图 6-5a)。相反,在它们漫长的主序星生命周期结束时,会逐渐收缩成炽热而致密的白矮星。

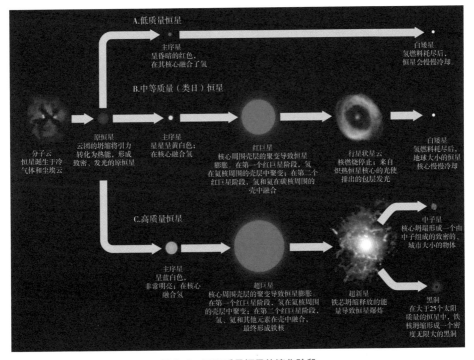

图 6-5　不同质量恒星的演化阶段

中等质量(类太阳)恒星的死亡。质量在太阳的 0.5～8 倍之间的恒星都有相似的演化历史(见图 6-5b)。在它们的红巨星阶段,类太阳恒星会加速引发氢聚变,并最终引发氦聚变。一旦氦耗尽,这些恒星(如低质量恒星一样)就会演变成如地球大小的高密度天体:白矮星。

在红巨星阶段的末期,类太阳恒星摆脱了膨胀的外层大气圈,形成了不断膨胀的气体云,并露出了它们炽热的核心,即一颗白矮星。白矮星加热膨胀的气体云，使其发光，这就是行星状星云。图 6-6 显示了美丽的星云。

大质量恒星的死亡。与缓慢消亡的类太阳恒星相反，质量超过太阳 8 倍的恒星寿命相对较短，它们会以明亮的爆发结束，被称为超新星（见图 6-5c）。在超新星爆发事件期间，这些恒星变得比爆发前的新星阶段亮数百万倍。如果一颗靠近地球的恒星发生这样的爆发，它的亮度将超过太阳。

1987 年 2 月在南方天空发现了 383 年来的第一颗肉眼可见的超新星。这次恒星爆发被正式命名为 SN 1987A，SN 代表"超新星"，1987A 表示它是 1987 年观测到的第一颗超新星。肉眼可见的超新星很少，只有少数被记录下来。阿拉伯观测者在 1006 年看到了一颗，1054 年记录了另一颗更亮的超新星。那次大爆发的遗迹就是今天的蟹状星云（见图 6-7）。

当一颗大质量恒星消耗了它的核燃料时，就会触发超新星事件，当然，它们可以通过大质量恒星坍缩以外的机制产生。如果没有平衡其巨大引力场所需的产热聚变，恒星就会坍缩，释放大量的热能，将恒星的外壳喷射到太空中，形成炽热的超新星。超新星散落的碎片携带着恒星核聚

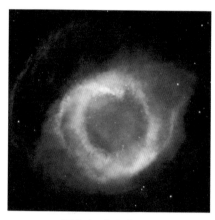

图 6-6　行星状星云

旋涡星云是离太阳系最近的行星状星云。行星状星云是类日恒星在从红巨星转为白矮星的坍缩过程中喷射的外层物质。

资料来源：ESA 和 C.R. O'Dell（Vanderbilt University）/NASA。

图 6-7　金牛座的蟹状星云

这个壮丽的星云被认为是公元 1054 年超新星爆发的遗迹。

资料来源：NASA。

变产生的元素和灾难性超新星爆发期间产生的元素。数百万年或数十亿年后，这些碎片可能会融入新一代恒星和可能环绕它们的行星中。因此，地球和人类都是由这些恒星喷射出的物质构成的。

研究人员推测，在这种超新星爆发期间，恒星内部坍缩成一个非常热的物体，直径可能不超过 20 千米。这些难以理解的致密天体被命名为中子星。一些超新星事件被认为会产生更小、更有趣的天体：黑洞。下一节将介绍白矮星、中子星和黑洞。

Q3　科学家是如何寻找黑洞的？

天文学家已经确定黑洞是宇宙中的常见天体，并且大小差异很大。小黑洞的质量大约是太阳的 10 倍，只有大约 32 千米宽，小于马拉松赛程。中型黑洞的质量是太阳的 1 000 倍，在星系中心发现的最大黑洞（超大质量黑洞）估计有数百万个太阳质量。最早的恒星被认为是巨大的，它们的消亡可能导致了最终在星系中心形成超大质量黑洞。

在超新星爆发之后，如果剩余恒星的核部超过大约 3 个太阳质量，引力就会占上风，恒星残余就会坍缩成比中子星密度更大的天体，而这样一颗恒星在超新星事件之前的质量可能是太阳的 25 倍。这种坍缩会产生一种不可思议的天体，那就是黑洞。

爱因斯坦的广义相对论预言，黑洞虽然温度极高，但其表面引力巨大，连光都无法逃逸。因此，它们实际上从视线中消失了。任何靠近黑洞的物体都会被其巨大的引力场卷入并吞噬。那么，如何找到这种天体呢？

科学家推测，当物质被拉入黑洞时，它应该变得非常热，并在被吞没之前发出大量的 X 射线。由于孤立的黑洞没有可吞噬的物质来源，天文学家决定研究双星系统，寻找物质在迅速没入明显的虚无区域时发射 X 射线的证据。

X 射线无法穿透大气圈，因此直到轨道天文台出现后才证实了黑洞的存在。第一个被发现的黑洞是天鹅座 X-1，它每 5.6 天围绕一颗大质量超巨星伴星运行一次。这个黑洞从伴星吸出的气体形成一个吸积盘，吸积盘围绕一个"空洞"盘旋，同时发出稳定的 X 射线流（见图 6-8）。最近的观察已经确定，成对的喷流从这些吸积盘向外延伸，吸积盘中的一些物质将再次送回太空。

图 6-8　艺术家描绘的一个黑洞及其巨大的伴星

注意，黑洞周围的吸积盘。

天鹅座 X-1 的质量是太阳质量的 8 ～ 9 倍，它可能源自一颗大约有 40 个太阳质量的恒星。自天鹅座 X-1 被发现以来，许多其他 X 射线源也被发现并被认为是黑洞。

科学家发现，黑洞只是恒星的最终归宿之一，其余的两个归宿是白矮星和中子星。在很大程度上，恒星的生命如何结束以及它的最终形式取决于恒星在其主序星阶段的质量（见表 6-1）。

表 6-1　各种不同质量恒星的演化概览

恒星初始质量（太阳 = 1）ᵃ	主序星阶段颜色	巨星阶段	巨星阶段后的演化	终极状态（最终质量）
0.001	无（行星）	无	不适用	行星（0.001）
0.1	红色	无	不适用	白矮星（0.1）
1 ～ 3	黄色	有	行星状星云	白矮星（小于 1.4）
8	白色	有	超新星	中子星（1.4-3）
25	蓝色	有（超巨星）	超新星	黑洞（大于 3）

a 表中质量均为估计值，并且均以太阳质量为单位。

白矮星

类太阳恒星的外层被抛射到太空后，剩下的就是已经坍缩成一颗白矮星的核心。这些天体通常有地球大小，质量与太阳相当，由超压缩气体组成。来自白矮星的一茶匙物质在地球上重约 5 吨。当电子彼此无限靠近，直到可以认为气体分子间几乎没有空隙时，就会形成这种类型的物质。与普通气体不同的是，这些被压缩至极限的气体会抵抗进一步的压缩。这种现象被称为简并压力，它会阻止电子靠得太近，足以支撑类太阳恒星的核心免受进一步引力的影响而坍缩。

年轻白矮星的表面非常热，有时会超过 25 000 开尔文，这就是它呈白色或蓝白色的原因。由于没有内部能量来源，这些恒星会在不断向太空辐射热能的过程中慢慢冷却，最终变成寒冷、燃烧殆尽的余烬，称为黑矮星。然而，目前对白矮星冷却速度的估计表明，银河系还不够老，不足以形成任何黑矮星。

中子星

对白矮星的研究得出了一个惊人的结论：最小的白矮星质量最大，而最大的白矮星质量最小（见图6-9）。发生这种情况是因为白矮星被其巨大的引力压缩了。白矮星质量越大，它就越能紧紧地挤压自己的物质，因此它就越小。

质量比太阳大30%的白矮星

地球

质量与太阳相等的白矮星

图6-9　比较不同质量的白矮星与地球的大小与直觉相反，白矮星的质量越大，体积越小

这一结论导致人们预测，一定存在比白矮星更小、质量更大的恒星遗迹。这些天体被命名为中子星，是大质量恒星（最初质量是太阳的8倍多）的残余物（核心）。中子星是超新星爆发事件的产物，当一颗大质量恒星的致密核心坍缩成一颗直径不到20千米的极热恒星时，释放出的能量使恒星的外层被猛烈抛射出去。

大质量恒星核心的巨大引力能够克服简并压力，简并压力在质量较小的恒星中会阻止电子靠得太近。当大质量恒星的核心坍缩时，电子被迫与位于原子核内的质子结合产生中子（因此得名中子星）。这种物质仅豌豆大小的标本就重达1亿吨，它的密度近似于原子核的密度；因此，中子星可以被想象成为一种大原子核，主要由几乎无缝堆积在一起的中子组成。

尽管中子星表面温度高，但小尺寸极大地限制了它们的光度，使得它们难以用肉眼定位。然而，新形成的中子星具有很强的磁场和很高的自转率。当恒星坍缩时，它们旋转得更快，类似于溜冰者在旋转时将手臂收紧时旋转得更快。中子星快速旋转的磁场产生的无线电波集中在两个与恒星磁极对齐的狭窄区域。因此，这些恒星就像发射强无线电波的快速旋转的信标。如果地球恰好在这些信标的路径上，那么当无线电波扫过时，这颗恒星似乎会忽明忽暗地闪烁或脉动。

在蟹状星云中就发现了这样一种辐射短无线电能量脉冲的源，它被称为脉冲星（脉动无线电源），如图 6-10 所示。对该射电源的目视检查表明它来自星云中心的一颗小而炽热的恒星。蟹状脉冲星云是公元 1054 年超新星的遗迹。尽管迄今为止发现的大多数脉冲星都会发射无线电波，但其他脉冲星还会发射紫外线、X 射线，甚至伽马射线。

图 6-10　蟹状星云脉冲星的一颗年轻中子星

这是第一颗与超新星有关的脉冲星，它释放的能量照亮了蟹状星云。

资料来源：NASA EOS Earth Observing System。

Q4　我们的银河系属于哪一种星系？

远离城市灯光，在晴朗无月的夜晚，你可以看到真正奇妙的景象，一条光带从地平线的一端延伸到另一端。伽利略用望远镜发现这条光带是由无数颗恒星组成的。今天，我们知道太阳实际上是这个庞大的恒星系统——银河系的一部分。

想要了解比太阳系更宏大的银河系，我们首先要先认识星系。

星系，包括银河系，是星际物质（尘埃和气体）、恒星和恒星残骸在引力作用下结合在一起的集合体（见图 6-11a）。最近的观测数据表明，大多数星系的中心可能存在超大质量黑洞。此外，大多数星系周围环绕着由非常稀薄的气体和众多星团（被称为球状星团）组成的球形晕（见图 6-11b 和图 6-11c）。

（a）斜视图　　　　　（b）侧视图

（C）球状星团

图 6-11　星系是受引力束缚的恒星与星际物质的集合

图（a），大型螺旋星系的斜视图。通常在螺旋星系中心附近集聚着许多较老的恒星，使得其核球呈黄色。相比之下，螺旋星系的旋臂上有许多炽热的年轻恒星，使这些结构呈现出蓝色或紫色。图（b），侧视图展现了其核球。图（c），大多数大型星系的周围都被由非常稀薄的气体和球状星团组成的球状光晕所包围。图示的巨大球状星团包含了大约 1 000 万颗恒星。

资料来源：图（a），NASA；图（b）和图（c），European Southern Observatory。

最初的星系很小，主要由年轻的大质量恒星和丰富的星际物质组成。这些星系通过吸积附近的尘埃和气体以及与其他星系的碰撞和合并而迅速成长。事实上，银河系目前正在吸收至少两个微小的卫星星系。

星系的类型

在宇宙的数千亿个星系中，天文学家将星系分为三大类：螺旋星系、椭圆星系和不规则星系。每个类别中都有许多变体，其形成原因现在仍然是一个谜。

　　螺旋星系。银河系就是一种大型螺旋星系。螺旋星系有一个薄而扁平的圆盘，由恒星、气体和尘埃组成，中央有一个恒星集中区，被称为核球。如图 6-12 所示，螺旋星系的名字源于从中央核球延伸到银盘的旋臂。围绕这些结构的是几乎看不见的光晕，它由热气体、倾向于成团出现的老恒星和暗物质组成。近乎球形的光晕几乎与圆盘和核球无缝融合。

图 6-12　螺旋星系梅西耶 83 的美丽图像

尽管梅西耶 83 更小一些，但它被认为与银河系非常相似。

资料来源：European Southern Observatory。

　　螺旋星系的圆盘部分由大量年轻的炽热恒星和尘埃云组成，它们围绕银心有序运行。这些年轻的炽热恒星群在图 6-12 中呈现为明亮的蓝色和紫色光斑。相比之下，中央核球包含大量较老的恒星，这使得星系的中心呈现出淡黄色的光芒。此外，中央核球中的恒星以及在光环中发现的恒星都沿着许多不同倾角的轨道运行。

　　大约 2/3 的螺旋星系有一条恒星带，从与旋臂融合的中央核球向外延伸。这些被称为棒旋星系（见图 6-13）。最近的调查发现银河系具有棒状结构。产生这些棒状结构的原因尚不清楚。天文学家估计，宇宙中超过 70% 的大型星系都是螺旋星系。

图 6-13　棒旋星系

资料来源：NASA。

椭圆星系。顾名思义，椭圆星系具有椭圆形状，但它们也可以接近球形（见图 6-14）。椭圆星系和螺旋星系一样，有一个核球和光晕，但缺乏明确的圆盘成分。

图 6-14　大型椭圆星系

这个大型椭圆星系属于天炉座星系团。在这个星系的核心内可以看到暗星云。在这张图片中，一些看上去类似恒星的天体是属于该星系的大型恒星群（球状星团）。

资料来源：European Southern Observatory。

椭圆星系往往由较老的低质量恒星（红色）组成，并且含有极少量的尘埃和冷气体。因此，与螺旋星系的旋臂不同，它们的恒星形成率很低。结果，与螺旋星系臂中年轻的炽热恒星发出的蓝色色调相比，椭圆星系呈现出黄色到红色的颜色。

最大和最小的星系都是椭圆形的。所有小星系，无论类型如何，都被称为矮星系。银河系的两个小伙伴，大麦哲伦星云和小麦哲伦星云，都是矮星系。事实上，附近的许多星系都是矮椭圆星系。它们体积小且亮度低，使得矮星系几乎不可能在超过几百万光年的距离上被探测到。然而，基于附近存在大量的矮星系，天文学家怀疑这些小星系可能是宇宙中最常见的星系类型。

已知最大的星系（直径100万光年）也是椭圆形的，但这种情况很少见。相比之下，银河系是一个巨大的螺旋星系，其直径约为大质量椭圆星系的1/10。大型椭圆星系被认为是由许多较小的星系合并而成的。

不规则星系。大约25%的已知星系没有对称性，因此它们被归入不规则星系。有些星系曾经是螺旋或椭圆星系，后来被邻近星系的引力扭曲了。银河系的两个小伴星系，即大麦哲伦星云和小麦哲伦星云，都是不规则星系。它们以探险家哲伦的名字命名，因为麦哲伦在1520年环绕地球航行时观察到了它们。

大麦哲伦星云的最新图像揭示了其中央的棒状结构。因此，大麦哲伦星云曾经是一个棒旋星系，后来可能由于银河系的引力而发生了扭曲。

星系团

一旦天文学家发现恒星成群出现（星系），便着手确定星系本身是否也成群出现，或者它们是否随机分布。他们发现星系在引力作用下聚集成束缚的星系团（见图6-15）。一些大型星系团包含数千个星系。我们自己的星系团，被称为本星系群，由40多个星系组成，可能包含许多未被发现的矮星系。在本星系群中，有三个大型螺旋星系，包括银河系和仙女座星系。

　　星系团也存在于称为超星系团的巨大群体中。可能存在 1 000 万个超星系团。我们的本星系群位于室女座超星系团中。从目测结果来看，超星系团似乎是宇宙中最大的实体。

图 6-15　天炉座星系团

这是离我们的本星系群最近的星系群之一。尽管图中许多星系都是椭圆星系，但在右下角可以看到一个优雅的棒旋星系。

资料来源：European Southern Observatory/J. Emerson/ VISTA。

星系碰撞

　　在星系团中，星系之间经常通过引力相互作用。例如，一个大星系可能会吞没一个小型的矮星系。在这种情况下，较大的星系将保持其形态，而较小的星系将被撕裂并同化到较大的星系中。

星系相互作用还可能涉及两个大小相似的星系相互穿行而不合并。这些星系中的单个恒星不太可能发生碰撞，因为它们分布广泛。然而，星际物质可能会相互作用，触发进入激烈的恒星形成期。

在极端情况下，两个大星系可能会碰撞并合并成一个大星系（见图 6-16）。许多最大的椭圆星系可能是由两个或多个大型螺旋星系合并产生的。有研究预测，在 20 亿年至 40 亿年内，银河系和仙女座星系有 50% 的概率发生碰撞合并。

图 6-16 触须星系间的碰撞

当两个星系碰撞时，其中的恒星一般不碰撞。然而，由尘埃和气体组成的星云间的相互碰撞是很常见的。在这样的星系碰撞过程中，数以百万计的恒星迅速诞生，如图中明亮的区域所示。

资料来源：NASA。

Q5 宇宙的最终宿命是什么?

宇宙学家为宇宙的最终宿命设定了不同的结局（见图 6-17）。一种可能性是，恒星将慢慢燃烧殆尽，星系将在无尽黑暗、寒冷的宇宙中变得越来越远。这种情况有时被称为"大冷寂"，因为宇宙在膨胀时会慢慢冷却，直到无法维持生命。另一种可能性是，星系间的退离速度会减慢并最终停止。引力收缩会随之而来，导致所有物质最终碰撞并聚结成高能、高密度状态，也就是宇宙诞生时的状态。宇宙的这种剧烈死亡，即大爆炸的逆过程，被称为"大收缩"。

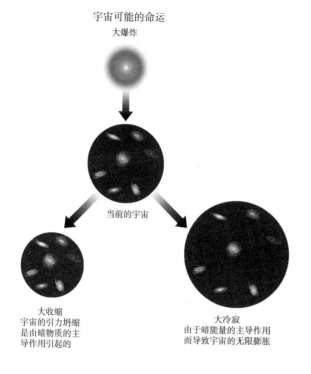

宇宙可能的命运

大爆炸

当前的宇宙

大收缩
宇宙的引力坍缩
是由暗物质的主
导作用引起的

大冷寂
由于暗能量的主导作用
而导致宇宙的无限膨胀

图 6-17　宇宙宿命之弈
图中展示了两种可能的宇宙归宿。暗物质的引力试图将宇宙收缩，而暗能量试图将其扩张。现在越来越多的人认为暗能量最终将占上风，产生一个不断膨胀的宇宙。

　　宇宙究竟是永远膨胀还是最终自行坍缩，在一定程度上取决于它的密度。如果宇宙的平均密度大于其临界密度（相当于每立方米 5 个原子），引力应该足以阻止向外膨胀并导致宇宙坍缩。反之，如果宇宙的密度小于临界值，宇宙将永远膨胀。

　　为什么宇宙的归宿会有不同版本？要想解答这个问题，我们需要追溯人类的宇宙探索史。

　　在人类存在的大部分时间里，宇宙被认为以地球为中心，仅包含太阳、月球、5 颗行星和肉眼可见的大约 6 000 颗恒星。即使在哥白尼日心说观点被广泛接受之后，整个宇宙仍被认为是由一个单一的星系（银河系）组成的，银河系由无数恒星和许多被认为是尘埃云和气体会的微弱"模糊斑块"组成。

18 世纪中期，德国哲学家康德提出，散布在恒星之间的许多望远镜可见的模糊光斑实际上是类似于银河系的遥远星系。康德将它们描述为"岛屿宇宙"。他认为，每个星系都包含数十亿颗恒星，并且本身就是一个宇宙。然而，在康德时代，主流观点支持这样一种假设：那些微弱的光斑只出现在银河系内。因为如果不这样想，就意味着宇宙要大得多，地球的地位降低，同样也危及人类的自尊。

哈勃的发现

1919 年，哈勃（Edwin Hubble）抵达加利福尼亚州威尔逊山的天文台，使用当时世界上最大、最先进的天文仪器，一台2.5米的望远镜，开始了他的研究。有了这架现代工具，哈勃开始着手解开"模糊斑块"的谜团。当时，关于模糊斑块的争论仍在激烈进行，它究竟是康德 150 多年前提出的"岛屿宇宙"，还是尘埃和气体云（星云）呢？

为完成这项任务，哈勃研究了一组被称为造父变星的脉动恒星，这些变星非常明亮，能在重复循环中变亮和变暗。这些恒星意义重大，因为它们的绝对星等可以通过它们的脉动速率来确定。当将恒星的绝对星等与其观测到的亮度进行比较时，天文学家可以确定其与地球距离的可靠近似值。这类似于我们在夜间行驶时判断迎面而来的车辆的距离。因此，造父变星很重要，因为它们可以用来测量较大的天文距离。

哈勃在一个模糊斑块中发现了几颗造父变星。由于这些本质上明亮的恒星看起来很暗淡，哈勃认为它们一定位于银河系之外。事实上，他得出的结论是，这个模糊的斑块距离我们 200 多万光年。夜空中这块明亮的区域现在被称为仙女座星系（见图 6-18）。

（a）

（b）

图6-18　仙女座星系：一个比银河系大的邻近星系

图（a），仙女座星系图像，由星系演化探测器（GALEX）上的光学望远镜拍摄。图（b），低放大倍数下的仙女座星系。当用肉眼观察时，仙女座看起来是一个被恒星围绕的模糊斑块。资料来源：图（a），NASA；图（b），European Southern Observatory。

　　根据观察，哈勃确定宇宙的范围远远超出了我们的想象。今天，我们已知有数千亿个星系。例如，研究人员估计在北斗七星区域的天空中就存在着 100 万个星系。天上的星星确实比地球上所有海滩上的沙粒都多。

　　关于宇宙的大小，光能告诉我们什么？尽管你可能会感到惊讶，但望远镜实际上是"回顾过去"，这解释了天文学家获得的有关宇宙历史的大部分知识。距离地球很远的天体发出的光需要数百万甚至数十亿年才能到达地球。因此，望远镜能"看到"的越远，天文学家就能研究更早的时间。即使是离我们最近的大型星系仙女座星系，也有惊人的 250 万光年远。250 万年前离开仙女座星系的光，现在刚刚到达地球，使科学家能够观察到这个星系 250 万年前的样子。我们现在已经观察到近 130 亿年前原始星系发出的几乎难以想象的微弱光线。

宇宙学和大爆炸理论

宇宙学是对宇宙的性质、结构和演化的研究。多年来，宇宙学家已经发展出一套全面的理论来描述宇宙的结构和演化，试图回答如下问题：宇宙是如何演化为现在这个状态的？宇宙存在了多久？它将如何结束？现代宇宙学解决了这些重要问题，帮助我们更好地了解了这个宇宙。

最准确描述宇宙诞生和当前状态的模型是大爆炸理论。根据这个理论，宇宙中所有的能量和物质最初都处于一种难以理解的高温和致密状态。大约 138 亿年前，我们的宇宙从一场灾难性的爆炸开始，随后不断膨胀、冷却，并演变成现在的状态。

在这种膨胀的最初阶段，只存在亚原子粒子，即质子、中子和原子。直到最初膨胀 38 万年后，宇宙才冷却到足以使电子和质子结合形成氢原子和氦原子，即宇宙中最轻的元素。与此同时，光第一次在太空中穿行。

最终，温度降低到足以让这种原始气体在引力作用下凝结成团块，这些团块迅速演化成第一批恒星和星系。太阳和行星系统形成于大约 50 亿年前（大爆炸后近 90 亿年），属于宇宙的新生代。

第一批恒星。第一批恒星可能是在"大爆炸"之后约 2 亿年内形成的，当时气体云变得足够稠密，可以在自身引力的作用下坍缩。就像形成它们的原始气体一样，这些第一代恒星主要由氢和少量氦组成。最早的恒星是庞然大物，质量可能是太阳的 30 ~ 300 倍，亮度是太阳的数百万倍。然而，大质量恒星的寿命相对较短，最终以猛烈的爆炸而消亡。在它们的生命历程中，甚至在爆炸性消亡的过程中，这些大质量恒星合成了更重的元素并将它们喷射到太空中。这些喷射出的物质中的一部分合并到了后代的恒星，例如太阳中。

宇宙膨胀的证据

1912 年，维斯托·斯莱弗（Vesto Slipher）在亚利桑那州弗拉格斯塔夫的洛厄尔天文台工作时，首次发现星系表现出运动。他检测到的运动是双重的：星系旋转，星系之间的相对运动。斯莱弗的研究集中在从星系发出的光的光谱线变化上。当物体朝向或远离观察者移动时，多普勒效应会改变其光谱线的位置。当星系远离地球时，其光谱线会向光谱的红端（较长波长）移动，当它向地球移动时，它的光谱线向光谱的蓝色端（较短的波长）移动。

1929 年，哈勃的星系研究扩展了斯莱弗的基础研究。哈勃注意到，除了本星系群之外，大多数星系的光谱都向光谱红端偏移（见图 6-19）。因此，大多数星系似乎都在远离银河系。这些光谱偏移后来被命名为宇宙学红移，因为它们揭示的运动是宇宙膨胀的结果。

标准谱线（未移位）

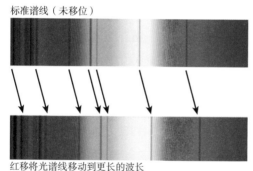

红移将光谱线移动到更长的波长

图 6-19　宇宙学红移

光谱线向光谱线红端移动的图示。光源远离观测者时，就会发生这种情况。

哈勃还找到了一种测量星系距离的方法。通过将到星系的距离和斯莱弗对其红移的测量进行比较，哈勃有了一个意想不到的发现：星系的红移随着距离的增加而增加，最远的星系正以最快的速度远离银河系。这个概念现在被称为哈勃定律，指出星系后退的速度与它到观察者的距离成正比。

这一发现令哈勃感到惊讶，因为传统观点认为宇宙是不变的，而且很可能会保持不变。用什么来解释哈勃的发现呢？研究人员于是进行了推导，膨胀的宇宙可以解释哈勃观察到的红移。

　　为了理解为什么哈勃定律意味着宇宙在膨胀，请想象一块含有葡萄干的面团已经发酵了几个小时的情况吧（见图 6-20）。在这个类比中，葡萄干代表星系，面团代表宇宙空间。当面团变大一倍时，所有葡萄干之间的距离也会变大一倍。原本相距 2 厘米的葡萄干之间的距离会变成 4 厘米，而原本相距 6 厘米的葡萄干之间的距离会增加到 12 厘米。最初相距最远的葡萄干比距离较近的葡萄干移动的距离更远。因此，在一个膨胀的宇宙中，相距较远的两个天体之间产生的空间比距离较近的两个天体之间产生的空间更大。

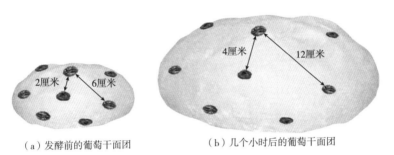

（a）发酵前的葡萄干面团　　　　　（b）几个小时后的葡萄干面团

图 6-20　用葡萄干面团发酵比喻膨胀的宇宙

　　膨胀宇宙的另一个特征可以用面包发酵类比来证明。不管是哪颗葡萄干，它都会远离所有其他葡萄干。同样，在宇宙中的任何一点，所有其他星系（同一星团中的星系除外）都在远离该位置的观察者。哈勃定律暗示着一个均匀膨胀、没有中心的宇宙。哈勃太空望远镜的命名正是为了纪念哈勃对宇宙科学的重大贡献。

大爆炸理论的预测

　　为了使假设成为科学知识（理论）的公认组成部分，它必须包含可以检验的预测。大爆炸理论的一项预测是，宇宙最初的温度高得难以想象，研究人员应该能够探测到这种热量的残余。白热宇宙发出的电磁辐射（光）具有极高的能量和短波长。然而，根据大爆炸理论，宇宙的持续膨胀会拉伸这些波，以至于现在它们应该可以在光谱的微波区域（无线电频谱的短波长一端）检测到。科学家开始寻找这种"失踪"的辐射，他们将其命名为宇宙微波背景辐射。正如预测的那样，这种微波辐射已被检测到，并且人们发现它们充满了整个可见宇宙。

对宇宙微波背景辐射的详细观察证实了大爆炸理论的许多细节，包括宇宙早期历史中重要事件的顺序和时间。

暗物质。宇宙大约包含 1 000 亿个星系，其中许多星系含有数十亿颗恒星、巨量的气体和尘埃云，以及大量的行星、卫星和其他碎片。然而，我们所看到的一切都像是冰山一角：它只占宇宙总质量的一小部分。天文学家在研究了恒星围绕银河系中心运行时的自转周期后得出了这一结论。万有引力定律指出，离银河系中心最近的恒星应该比靠近银河系外缘的恒星运行得更快，这就是水星以比海王星快得多的速度绕太阳运行的原因。然而，这些研究人员发现，所有恒星都以大致相同的速度绕银河中心运行。这意味着在银河系中，一定还有某些东西在牵引恒星。这种尚未被发现的物质被称为暗物质。

大约 1/4 的宇宙由暗物质组成，暗物质不吸收或不发射光，而是通过引力与宇宙中的可见物质相互作用。因此，暗物质施加了一种力，将银河系聚集在一起，同时减缓宇宙的整体膨胀。

尽管暗物质的概念听起来有些不吉利，但它只是一种不与电磁辐射（如可见光）相互作用的物质。因为我们关于宇宙的大部分知识都是通过光获得的，如果存在一种不与光相互作用的物质形式，我们将无法看到它，暗物质一词由此而来。

暗能量。在 20 世纪 90 年代初，大多数宇宙学家认为引力肯定会随着时间的推移减缓宇宙的膨胀，最终导致大收缩。然而，哈勃太空望远镜对非常遥远的星系的观测表明，今天的宇宙实际上比其历史早期膨胀得更快。因此，宇宙的膨胀并没有像科学家认为的那样因引力而变慢，而是在加速。为了解释这个意想不到的结果，研究人员得出结论，一定存在一些不寻常的物质，他们把这类物质称为暗能量。与减缓宇宙膨胀的暗物质不同，暗能量会施加一种将物质推开的力，从而导致宇宙加速膨胀。

目前还没有确定暗物质和暗能量是否相关，甚至连它们到底是什么都不清楚。大多数研究人员推测，暗物质由一种尚未被发现的亚原子粒子组成。暗能量可能由专属的粒子构成，但没有证据表明存在这种粒子。

越来越多的宇宙学家地达成共识：推动宇宙向外运动的暗能量是主导力量。如果暗能量实际上是宇宙命运的驱动力，那么宇宙将永远膨胀（见图 6-20）。在天文学家寻找暗能量时，他们会这样想："缺乏证据，并不意味不存在证据。"

要点回顾

Foundations of Earth Science >>>

- 通过研究赫罗图，我们可以对恒星的大小、颜色和温度之间的关系有一个很好的了解。例如，据图我们知道最热的恒星是蓝色的，最冷的是红色的。这是因为：相对较冷的物体会以长波辐射（更接近可见光谱的红端）的形式释放更多能量。

- 我们知道，无论大小如何，恒星最终都会耗尽其可用的核燃料，并在巨大的引力作用下坍缩。由于恒星的引力场强度取决于质量，因此小质量恒星和大质量恒星有着不同的命运。

- 根据理论推测，当物质被吸入黑洞时，会变得极热，并在被吞噬之前发出大量 X 射线。由于孤立的黑洞没有可吞噬的物质来源，天文学家决定观测双星系统，从而寻找被捕获吞噬进"虚无"之地的同时放射 X 射线的物质。

- 星系是星际物质、恒星和恒星残骸在引力作用下结合在一起的集合物。最近的观测数据表明，超大质量黑洞可能存在于大多数星系的中心。此外，大多数星系周围环绕着由非常稀薄的气体和众多星团（被称为球状星团）组成的球形晕。

- 如今依旧存在的一个问题是：宇宙是会在大冷寂中永远膨胀，还是会在大收缩中坍塌？暗物质减缓了宇宙的膨胀，而暗能量产生一种力，将物质往外推，使膨胀加速。如今，大多数宇宙学家倾向于认为宇宙处于一个无限的、不断膨胀的状态。

本书得以顺利出版离不开许多有才华的人的通力合作。这是真正的团队成果，我们很幸运能与这样优秀的出版团队共事。这个团队中的所有人不仅展现了合作精神，而且追求极致。他们是：克里斯琴·博廷（Christian Botting）、卡迪·欧文斯（Cady Owens）、汤姆·霍夫（Tom Hoff）、艾琳·波格朗（Aileen Pogran）、特里·豪根（Terry Haugen）、切尔西·诺亚克（Chelsea Noack）和玛丽亚·雷耶斯（Maria Reyes）。他们富有激情，追求卓越，他们对工作投入的全身心令我们深受感染。非常感谢他们。编辑埃林·施特拉特曼（Erin Strathmann）才华横溢，对本书结构进行的优化令本书增色不少。我们衷心感谢埃林的出色工作。SPi Global 公司的凯蒂·奥斯特勒（Katie Ostler）领导的制作团队负责将我们的手稿变成成品。该团队还包括照片研究员克里斯廷·皮尔杰（Kristin Piljay）。这些有才华的人出色完成了他们的工作。他们都是真正的专业人士，我们很幸运能与他们合作。

特别感谢 4 位对该项目做出重要贡献的人。

· 丹尼斯·塔萨（Dennis Tasa）负责绘制本书所有的插图。与他合作对我们来说总有特别的意义。他加入我们这个团队已近 40 年。我们不仅欣赏他的艺术才华、勤奋、耐心和想象力，而且珍视我们之间的友谊。

· 阅读本书时，你会看到迈克尔·科利尔（Michael Collier）拍摄的数十张令人惊叹的照片。大多数照片是他在他那架已经 60 岁高龄的塞斯纳 180 飞机上拍摄的航拍照片。迈克尔获得过众多奖项，包括"美国地球科学研究所"奖，以表彰他在向公众普及地球科学方面的杰出贡献。如果你无法亲临现场，那么看看迈克尔拍摄的照片就是最佳选择。能够在本书中呈现这些照片真的太幸运了。谢谢，迈克尔。

· 卡兰·本特利（Callan Bentley）是位于美国安嫩代尔镇北弗吉尼亚社区学院的地质学教授，他曾多次被评为杰出教师。他经常为《地球》（Earth）杂志撰稿，并且是广受欢迎的地质博客 Mountain Beltway 的作者。感谢卡兰在本书写作过程中提供的帮助。

· 我们很高兴阿尔文·科尔曼（Alvin Coleman）加入我们这个团队。阿尔文是北卡罗来纳州开普菲尔社区学院的教授，他在那里教授地球科学和地质学入门级课程。他负责修订、更新和扩展我们的另一本书《地球科学之精通地质学》（Earth Science With Mastering Geology）中可用的学习资源。读者能够从这本书中感受到阿尔文的经验之丰富、学识之渊博、对读者需求了解之深入。欢迎加入团队，阿尔文。

也非常感谢那些深入而全面地审读了本书的同僚。他们的批评意见和考虑周全的建议令我们受益匪浅，为本书增色不少。特别感谢：

美国韦恩州立大学的马克·巴斯卡兰（Mark Baskaran）、普渡大学的拉里·布拉伊莱（Larry Braile）、美国皮德埃蒙特学院的米奇·查普拉（Mitch Chapura）、美国皮尔斯学院的琳达·W. 柯里（Linda W Currie）、美国朗沃德大学的凯西·德巴斯克（Kathy DeBusk）、美国波尔克州立大学的布鲁斯·迪本多夫（Bruce Dubendorff）、美国东肯塔基大学的斯图尔特·法勒（Stewart Farrar）、美国东北湖景学院的奥拉比德·法尼奥拉（Olamide Fagbola）、美国阿勒格尼县社区学院的丹尼尔·加布勒（Daniel Gabler）、美国格雷森县学院的达斯蒂·吉拉德（Dusty Girard）、得克萨斯大学阿灵顿分校的胡勤工（Qingong Hu）、得克萨斯大学阿灵顿分校的安德鲁·亨特（Andrew Hunt）、美国塞里托斯职业学院的加里·约翰皮尔（Gary Johnpeer）、美国休斯顿大学维多利亚分校的特雷莎·勒萨热-克莱门茨（Teresa LeSage-Clements）博士、北卡罗来纳中央大学的加勒特·洛夫（Garrett Love）、美国格雷森县学院的里克·林恩（Rick Lynn）、美国西尔斯波洛社区学院的詹姆斯·麦克尼尔（James MacNeil）、美国红杉学院的卡洛塔·马林（Carlota Marin）、美国波尔克州立大学雷克兰分校的保罗·麦克莱恩（Paul McLain）、宾夕法尼亚州立大学阿宾顿分校的吉尔·默里（Jill Murray）、美国俄克拉何马潘汉德尔州立大学的贝弗利·迈耶（Beverly Meyer）、美国希尔斯布雷社区学院的杰西卡·奥尔尼（Jessica Olney）、美国布劳沃德学院的亨利·廖波（Henri Liauw A Pau）、美国哥伦布州立社区学院的杰弗里·理查森（Jeffrey Richardson）、美国自由大学的马库斯·罗斯（Marcus Ross）、南佛罗里达大学的杰弗里·瑞安（Jeffrey Ryan）、佛罗里达海湾海岸大学的迈克尔·萨瓦雷塞（Michael Savarese）、迈阿密大学牛津分校的贾内尔·西科尔斯基（Janelle Sikorski）、美国冰碛谷社区学院的让娜·斯韦克（Jana Svec）、美国宾州克莱瑞恩大学的安东尼·韦加（Anthony Vega）、路易斯安那百年学院的斯科特·维特尔（Scott Vetter）、美国布劳沃德学院的查内尔·华莱士（Chanell Wallace）、圣保罗学院的玛吉·齐默曼（Maggie Zimmerman）。

最后，我们非常感谢我们各自的妻子南希·吕特根斯（Nancy Lutgens）和乔安妮·班农（Joanne Bannon）的支持和鼓励。如果没有她们的耐心和理解，本书的撰写会困难得多。

弗雷德·吕特根斯与埃德·塔尔布克

　　无论是对地球科学的初学者，还是对没有专业背景知识但充满好奇心的朋友，《极地深海地球科学》都是一本非常优秀的教材和非常易读的科普读物。本书内容翔实、案例丰富，语言科学精准，配图直观，从地球最外的大气层顶部到最内的地核，涉及了地球系统的方方面面。丰富多彩的图文信息对读者来说是福音，对翻译人员来说却意味着巨大的工作量。幸运的是，出于教学需求，北京大学地球与空间科学学院的季建清教授组织了当时选修《地球系统科学》（*Earth Science*）的一部分本科生，翻译了《极地深海地球科学》的其他版本。虽然不同版本在内容及章节编排上有所出入，但他们的成果是翻译本书时非常好的参考资料。

　　感谢（按姓氏拼音顺序排序）艾鑫宇、陈浩良、程良柱、曹朗、曹仁君、和冬华、贺群超、黄轩拓、刘贤雨、李子涵、马德伟、马千一、钱渠成、苏邀、孙久雯、滕正、王方瞳、王宇航、魏一鸣、杨棋、袁叶琦、袁源、朱晗宇、邹景成、张驰、张俊龙、赵轩、郑云帆、郑子凡、张兆龙同学，感谢你们在繁重学业之余的辛苦付出，本书能顺利出版，你们的前期翻译工作功不可没。感谢赵轩同学主动协调、联络成员、统计工作量以及确保进度。

感谢季建清教授的统筹、指导与支持，是你的牵线促成了我们与此书的缘分。

最后也最应感谢湛庐文化能独具慧眼，将如此优质的教材和科普读物引入国内，希望吸引更多人了解地球系统、爱上地球科学。

未来，属于终身学习者

我们正在亲历前所未有的变革——互联网改变了信息传递的方式，指数级技术快速发展并颠覆商业世界，人工智能正在侵占越来越多的人类领地。

面对这些变化，我们需要问自己：未来需要什么样的人才？

答案是，成为终身学习者。终身学习意味着永不停歇地追求全面的知识结构、强大的逻辑思考能力和敏锐的感知力。这是一种能够在不断变化中随时重建、更新认知体系的能力。阅读，无疑是帮助我们提高这种能力的最佳途径。

在充满不确定性的时代，答案并不总是简单地出现在书本之中。"读万卷书"不仅要亲自阅读、广泛阅读，也需要我们深入探索好书的内部世界，让知识不再局限于书本之中。

湛庐阅读 App: 与最聪明的人共同进化

我们现在推出全新的湛庐阅读 App，它将成为您在书本之外，践行终身学习的场所。

- 不用考虑"读什么"。这里汇集了湛庐所有纸质书、电子书、有声书和各种阅读服务。
- 可以学习"怎么读"。我们提供包括课程、精读班和讲书在内的全方位阅读解决方案。
- 谁来领读？您能最先了解到作者、译者、专家等大咖的前沿洞见，他们是高质量思想的源泉。
- 与谁共读？您将加入优秀的读者和终身学习者的行列，他们对阅读和学习具有持久的热情和源源不断的动力。

在湛庐阅读 App 首页，编辑为您精选了经典书目和优质音视频内容，每天早、中、晚更新，满足您不间断的阅读需求。

【特别专题】【主题书单】【人物特写】等原创专栏，提供专业、深度的解读和选书参考，回应社会议题，是您了解湛庐近千位重要作者思想的独家渠道。

在每本图书的详情页，您将通过深度导读栏目【专家视点】【深度访谈】和【书评】读懂、读透一本好书。

通过这个不设限的学习平台，您在任何时间、任何地点都能获得有价值的思想，并通过阅读实现终身学习。我们邀您共建一个与最聪明的人共同进化的社区，使其成为先进思想交汇的聚集地，这正是我们的使命和价值所在。

CHEERS

湛庐阅读 App
使用指南

读什么
- 纸质书
- 电子书
- 有声书

与谁共读
- 主题书单
- 特别专题
- 人物特写
- 日更专栏
- 编辑推荐

怎么读
- 课程
- 精读班
- 讲书
- 测一测
- 参考文献
- 图片资料

谁来领读
- 专家视点
- 深度访谈
- 书评
- 精彩视频

HERE COMES EVERYBODY

下载湛庐阅读 App
一站获取阅读服务